明德求是　日新自强

Notes of Landscape in SUSTech

南科大
自然笔记

商务印书馆
创于1897　The Commercial Press

南科大校园自然观察点分布图

5号门

5栋
6栋
4栋
3栋
2栋
1栋

学生服务中心
风雨操场

6号门

学生食堂

第一科研楼

第一教学楼

第二科研楼

检测中心

图书馆

第二教学楼

7号门

田径场

专家公寓

教师公寓

科研教学服务中心
（一层有收发室）

3号门

2号门

大 苑 学

大 学

1号门

滨

沙

道 大

目录
contents

附 accessory

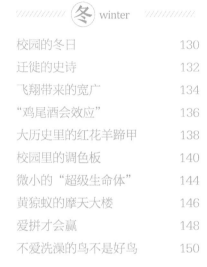

spring

你像

新鲜初放芽的绿，

你是

柔嫩喜悦，水光浮动着你梦中期待白莲。

你是一树一树的花开，

是燕在梁间呢喃，

——你是爱，是暖，

是希望，你是人间的四月天。

——林徽因 《你是人间的四月天》

校园的春天

春季，是深圳的过渡季节，平均每年只有大约 76 天。

来自欧亚大陆的冷空气已经不会像冬天那样强劲和持久，温度开始回升，降雨开始绵长。那些冬来春去的候鸟陆陆续续启程，开始返回北方。校园的上空，常常会有成群结队的候鸟排成各种队形飞过。

生物学家和气象学家对深圳的判别不同，生物学家更加赞同将深圳的一年分为两个季节：雨季和旱季——亚热带海洋季风气候下的深圳，短短 6 个月里降雨量占全年 85% 以上的"雨季"和清凉干爽的"旱季"，是影响生命万物的重要节点。

有趣的是，因为深圳的冬日不像北方那样寒冷萧瑟，所以春天也没有万物复苏的景象。多年的观察发现，深圳的春天，许多树木生长新叶，替换旧叶，春季反而是校园里落叶最多的季节。

北归的候鸟

普通鸬鹚的人字形队伍飞过校园上空。春日到来时，在深圳度过了一个冬天的冬候鸟会逐渐离开，也有一些北归的过境鸟会经过深圳。飞鸟人字形的队伍可以让领队劈开空气，让紧随后面的同伴飞翔更省力一些，减少迁徙中的体力消耗。

吸食薇甘菊花蜜的青斑蝶

春日里生命活跃起来，草木大多在春夏开花，与此同时，传粉的蜜蜂和其他昆虫在气温超过 15℃后，开始活跃，觅食求偶。

春日里盛开的火焰树与吸食花蜜的白喉红臀鹎

校园里的绿化植物大多有着典型的热带特征。深圳气候炎热，雨量充沛，阳光充足，一年四季都适宜植物生长。

荔枝树长出的新叶

深圳大部分乔木和灌木在1月至3月长出新叶。这是植物的一种生长策略，每年的12月至来年3月，受低温和干旱的限制，深圳昆虫种群的数量降到最低，5月至6月急升到顶点。

溪流花园水边等待猎物的棕背伯劳

如果你看见了校园的
每一种鸟

　　如果你看见了校园里的每一种鸟，那意味着，你已走遍了校园的每一个角落。

　　鸟，飞翔的翅膀带给它们最为广阔的活动空间。它们轻而易举地越过高山、溪谷、悬崖，它们逍遥自在地穿行于车流、高墙和摩天大楼之间，它们傲慢地无视红绿灯、边界线和守卫，依照自己的意愿和能力，到达校园的每一个角落。

　　我们在校园小路旁的荔枝树上，听到了长尾缝叶莺柔软的啼鸣；我们在大沙河的岸边，看到了鹭鸟长出招摇的繁殖羽；台风袭来时，宿舍前的竹林里，红耳鹎张开双翅护佑着幼鸟；春暖花开时，屋背岭商代遗址前，暗绿绣眼鸟在花中采蜜。夜鹰可以飞到行政楼顶层的平台上停歇，八哥可以落在溪流花园

棕背伯劳

英文里，伯劳有一个形象的名字：屠夫鸟（butcherbird）。伯劳有着鹰一样的尖利的钩嘴，钳一样有力的爪子，生性凶悍，甚至会猎杀比自己体格还大的鸟儿。伯劳眼睛周边生长着黑色贯眼纹，像戴着黑眼罩的佐罗。

的水池边洗澡；谁也不知道，麻雀是用什么办法，钻进食堂的大厅，捡拾同学们掉落的饭粒……

　　在校园里，飞鸟是活动范围最广的生命。

红嘴蓝鹊

羽毛艳丽、身体修长、鸣叫沙哑高亢的红嘴蓝鹊是引人注目的鸟儿。性格强悍的红嘴蓝鹊出现后，周边体形小的鸟儿都会避开。红嘴蓝鹊是大型鸦科鸟类，成年的红嘴蓝鹊体长能超过半米，是校园里尾羽最长的鸟儿。

降落在教学楼顶监控器上的红嘴蓝鹊

鹊鸲（雌性）

鹊鸲是校园里常见的留鸟，羽毛黑白相间，阳光下泛着金属的光泽，有点像缩小版的喜鹊。鹊鸲的鸣叫悦耳动听，尤其在繁殖期，雄鸟站在高高的树梢或房顶上，鸣叫更加婉转多变。

疫情期间，鹊鸲变得胆大而不怕人

绿化带假槟榔树上觅食的乌鸫

图书馆栏杆上歇息的池鹭

池鹭是校园里最常见的鹭鸟，也是深圳数量最多的大型留鸟之一。集群生活，不太怕人，胃口好，不挑食，喜欢在城区出没。

只有秋冬季才会出现在大沙河里的候鸟：矶鹬

在湖面捕食鱼类的普通翠鸟

学生宿舍楼前草坪上，白鹡鸰捡食遗落的食物碎屑

动听告白里的含义

||| 音频 |||
黄腹山鹪莺的鸣叫

黄腹山鹪莺，鸣唱多变的歌手
黄腹山鹪莺平日的叫声特别像猫的叫声。繁殖期到来，雄鸟常常站在灌木或茅草的顶端，发出响亮动听的鸣唱。

春日，是鸟儿鸣叫最动听的季节，鸟儿求爱的叫声被称作"鸣唱"。

为了获得雌性的青睐，求偶的雄鸟会调动它们力所能及的智力和体能，热情洋溢地鸣叫和舞蹈，绚丽醒目的繁殖羽、响亮招摇的鸣叫、吸引眼球的舞蹈，大大增加了被天敌追捕猎杀的危险。

这样冒着生命危险告白，是因为雄鸟要面对许多同性的竞争，而那些雌鸟又是如此挑剔。

一只在枝头高唱情歌的远东山雀，是在向心仪的对象宣告："听听我的歌声多么响亮，那是因为我体格强壮；听听我的曲调多么悦耳，那是因为我智力高超。我敢于在危险的高处如此张扬地示爱，是因为我对自己的敏捷有着足够的信心，爱我吧，让我做孩子的父亲，我们一起把优良的基因传递给下一代。"

雄鸟冒死唱情歌所投入的勇气、智慧、体力没有白费，科学家们的观察和研究已经证明：鸣唱曲目多的雄鸟可以得到更大的地盘，更容易得到雌鸟的青睐。

八声杜鹃，哀怨委婉的歌者

繁殖期的八声杜鹃整天鸣叫不息，一连串发出许多声，声音逐渐高亢，速度逐渐加快。从人类的角度理解，八声杜鹃的叫声尖锐、凄厉，有人又把它们叫作哀鹃。

‖‖ 音频 ‖‖
八声杜鹃的鸣叫

白胸苦恶鸟，民间传说最多的野鸟

作家叶灵凤对苦恶鸟的定义是：中国民间传说最多的野鸟之一。不管有什么样的传说，都离不了一个"苦"字。白胸苦恶鸟生活在芦苇或水草丛中，短而圆的翅膀已失去了长距离飞行的功能。发情期和繁殖期发出"kue, kue, kue"的叫声，音似"苦啊，苦啊"，常常彻夜不息地重复。

‖‖ 音频 ‖‖
白胸苦恶鸟的鸣叫

求偶期间的进补：池鹭吃泥鳅
池鹭的头和脖子上长出的繁殖羽是深栗色，胸部的繁殖羽是酱紫色。

短暂的绚丽

春日，校园里一些鸟儿的行为会发生变化。为了实现交配，最大可能地把自己的基因传递下去，鸟儿会施展不同的手段吸引异性，这种行为被称为"求偶炫耀"。

每年春天和初夏，在万物生长、食物丰富的季节，一些鸟会换上斑斓的饰羽。有些鸟的脸蛋、嘴巴会生出比原来鲜艳的颜色，让自己变得更加亮丽迷"鸟"；和平日比较起来更加鲜艳的羽毛，称为"繁殖羽"。

鸟儿求偶炫耀的方式复杂多样，有婉转鸣唱、舞蹈婚飞、辛勤筑巢、公开竞技。求偶炫耀是一种高耗能、高风险的行为，这些艳丽的颜色吸引了异性，却也让鸟儿变得醒目，增加了被天敌伤害的危险。所以，繁殖期一过，鸟儿就会换回原来的羽毛。

求偶期的小白鹭，头顶会长出两条"辫子"

身上飘着长长的繁殖羽，眼睛前方的裸露皮肤也变成了粉紫色。

苍鹭的繁殖羽是脑后几缕黑色的"小辫子"

牛背鹭

繁殖季到来，平日里只有头顶有一点棕黄色的牛背鹭，从头顶到前胸后背会长出橙黄色的繁殖羽。

校园草地上捕食虫子的黑领椋鸟

对鸟儿来说，昆虫比果实、嫩叶含有更多的蛋白质和营养。超过95%的鸟儿是肉食者，还有一些鸟儿平时荤素搭配，养育幼鸟期间，会成为近乎疯狂的昆虫捕猎者。

鸟儿的食谱

如果有机会把一只鸟儿握在手里，就会发现它的身体热乎乎的——鸟儿的体温大都比人高，在40摄氏度左右。和人一样，鸟儿是温血动物，要通过新陈代谢维持稳定的体温，所以鸟儿必须不停地进食，以补充能量。

鸟儿也是活动范围最大的温血动物，可以飞翔、行走、游泳、潜水，消耗的能量非常大，也需要不断地吃吃吃，以补充体力。

鸟儿的食物，地上长的、地下跑的、水里游的、天上飞的，有荤有素，无所不包。毫无疑问，绝大部分鸟儿是肉食者，肉食的好处是，相同重量的食物，肉类所含的蛋白质要比谷物、果实丰富得多。肉食性的鸟儿捕猎时看上去无情、

夜鹭捕食营养最丰富的食物——罗非鱼

鱼无疑是营养最丰富的食物之一，大部分水鸟都以鱼类为食。水中的鱼灵活光滑，鸟儿们自有对应的方法：嘴巴锋利；长脖颈能够折叠到背部，弹力出击；灵敏的眼睛可透过水中折射的光线准确判断鱼儿的位置。

凶悍、冷血，甚至诡计多端，却是生态系统中必不可少的一环。

　有一些鸟儿是坚定的素食主义者，依靠果实、嫩叶、草籽、稻谷为生。在属于亚热带气候的深圳，草木四季常青，常年都有植物发芽、开花、结果，素食的鸟儿有着充足的食物。

在大沙河里喝水的珠颈斑鸠

深圳以素食为主的鸟不多，大多是斑鸠类。

学生食堂边的老榕树

一棵年长的大树收留了多种生命，不仅提供了栖身之地，还会提供多样的食物。

致敬最年长的树木

博物学家大卫·爱登堡讲解热带雨林时曾说："假如人类能够懂得榕树，那就了解了整个热带雨林。"榕树是深圳数量最多的古树，它们传递给我们的信息是：在人类没有踏上深圳之前，覆盖这片土地的，就是亚热带雨林。

榕树是典型的热带雨林植物。板根、支柱根发达，尤其是向下悬垂的气生根，像一把把胡子。有些榕树的气生根向下生长，进入土壤后吸收水分和养料，长成了粗壮的支柱根，粗壮的气生根支撑着榕树不断往外伸展的树枝，使树冠不断扩大，形成独木成林的巨树。

一丹图书馆前的榕树

榕树是校园里年龄最长的树木。在深圳，每 100 棵年龄超过 100 岁的古树里，就有 41 棵榕树。

学生食堂门口老榕树下的神龛

深圳原住民认为年代久远、根粗叶茂的老树有"冲气"，有神仙庇护，因此常常在树下修建神坛，烧香烧纸祭拜。

　　榕树也是校园里常见的绿化树，从雨林中走出来的榕树，在都市落脚，用旺盛顽强的生机装扮着校园。

牛背鹭

牛背鹭是以昆虫为主食的鹭鸟，平时喜欢和水牛搭伴，跟随在家畜后面捕食被家畜惊飞的昆虫，也常在牛背上歇息。校园里没有牛，牛背鹭大多在大沙河河边短暂歇脚。

校园里的"三长"家族

在校园里，一年四季都可以见到羽毛各异、种类不同的鹭鸟。全世界共有 17 属 60 多种鹭科鸟类，在深港两地记录到 18 种。鹭鸟是湿地生态系统中的重要生物种类之一，也是一片区域生态系统和环境质量好坏的指示动物。

鹭鸟家族共同的特征是"三长"：嘴长，腿长，脖子长。其实它们的翅膀展开来也特别长，飞行时长长的脖颈会缩成 S 形、长腿伸出尾后、缓缓扇动翅膀，尤其是起飞、降落时，姿态飘逸优雅。

大部分鹭鸟性情温和，大白鹭、小白鹭喜欢群居在河流、湖泊、滩涂湿地。常常能看到成群结队的鹭鸟聚集在一起，它们轻盈地掠过天空，或优雅地在湖边河畔踱步，或气定神闲地伫立在水中央，为校园带来空灵的气象。

大白鹭

大白鹭在深圳部分为留鸟，部分为冬候鸟。每年 10 月后出现在校园里。起飞、降落时双翼展开接近一米，长长的脖颈可在瞬间伸长出击，是猎捕鱼虾的高手。

小白鹭

校园里常见的鹭鸟，喜欢成群结队地聚集在海边、水库或公园的湖泊池塘边。觅食时，会把脚探入水中搅动，捕食受到惊吓的鱼虾。

池鹭

池鹭是校园里数量最多的大型留鸟。喜欢集群生活，胃口好，不挑食，也不太怕人。

生活在"九山一水"校园里的昆虫，是一个数量庞大、难以统计、无所不在的种群

隐居在校园里的"外星人"

　　春日，随着温度升高，降雨增多，昆虫也渐渐丰富活跃起来。从某种意义上说，昆虫是整个校园数量最多的动物，也是最庞大的动物族群。所有的哺乳类、鸟类、两爬类、鱼类加起来，都没有昆虫的种类多。

　　在地球上，已被发现并被命名的昆虫超过 100 万种；在深圳，昆虫的种类超过 5000 种。校园里记录到的昆虫，超过 300 种——小巧多变的身体结构、水陆空全适应的生存技能、极好的胃口、强大的繁殖力、多样的生命形态造就了昆虫强大的适应力，成了深圳数量最多的动物家族。

　　留心身边的昆虫，细细观察它们千奇百怪的形态、匪夷所思的身体结构、让人惊艳惊恐的色彩；留心观察它们从一枚卵蜕变为成虫的历程、它们猎食的技能、它们吸引和俘获配偶的手法、它们保护和养育儿女的方式，你恐怕会相信，它们其实是隐居在校园里的"外星人"。

空中飞行的昆虫

蜻蜓的飞行速度甚至比一些鸟类还快。会飞的昆虫占据了巨大的生存优势，可以快速逃离捕食者，迅捷捕获猎物，最大可能拓展生存空间。

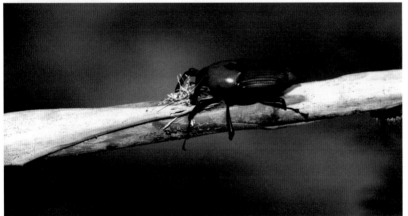

生活在丛林灌木中的昆虫

啃食竹子的竹象。大地上的植物是大部分昆虫的居所和食物来源。

生活在地面下的昆虫

蚁狮栖身于干燥的地表下，在沙质土中修建漏斗状陷阱诱捕猎物。

生活在水中的昆虫

仰泳蝽因为能在水中腹部朝天仰泳而得名，一有危险就迅速游走。

"变态"带来的成功

荔枝树鲜嫩的新叶是荔枝蝽的美食

荔枝蝽又叫臭屁虫，遇到惊扰后会射出臭液自卫，臭液碰到花蕊、嫩叶和幼果会使其枯萎。

从树叶上一粒肉眼几乎看不见的卵到空中飞舞的蝴蝶；从水里游动的孑孓（jiéjué）到附在我们身上吸血的蚊子；从钻在地下沉默数年的幼虫到在枝头放肆鸣唱的蝉……，昆虫在发育过程中，身体的形态、生理结构、生活习性会发生剧烈的变化——称为"变态"。

变态过程中，一只昆虫变化的不仅仅是外形、食物、习性，甚至是栖息地。蝴蝶流连于花丛中，专注于寻觅伴侣和新领地，集中精力繁衍和扩大疆域。而它们的前身毛毛虫埋头在枝叶间进食，专注于汲取营养和成长。

变态繁衍的策略非常成功：6500万年前，地球遭遇灾难性的巨变，体格庞大的恐龙灭绝了，小小的昆虫却延续了下来，成为这个星球上数量最多的动物。

荔枝蝽的卵

荔枝蝽每次产卵 10 多粒,初生时淡绿色,快孵化时成为紫红色。

刚刚从卵中孵化出来的荔枝蝽

形态发生了剧烈的变化。

荔枝蝽的若虫

荔枝蝽的若虫和成虫吸食荔枝、龙眼的嫩芽、嫩梢、花穗和幼果的汁液。

荔枝蝽的成虫

成虫期的昆虫进入交配繁衍阶段。荔枝蝽是不完全变态昆虫,一生经过卵、若虫和成虫三个阶段。

波蛱蝶里的第三者

蝴蝶的世界里雌雄数量相差甚远，常常见到两只甚至三只雄蝶追逐一只雌蝶，雄蝶间的竞争异常激烈。

梁山伯与祝英台？

　　蝴蝶成双成对地追逐嬉戏，让我们想到百般磨难后化成彩蝶的梁山伯与祝英台。

　　现实与千百年来美丽的传说大相径庭：当我们见到一对翩翩起舞的蝴蝶相互追逐时，并不一定是郎有情妾有意的缠绵，也许是两只雄蝶正在争抢地盘。

　　在蝴蝶的世界里，雌雄比例极度失调，雄性间的竞争异常激烈。为了获得雌性的青睐，有的雄蝶把一棵树、一簇花、一片平地视为自己的领域。如果有别的雄蝶闯入，就会奋起驱赶，表现得十分勇猛，直到把竞争者撵走。如果是雌蝶到来，雄蝶会拿出全身的本领，想法把雌蝶留住，完成交配。

　　一般的景象是，如果你看到两只蝴蝶在追逐中盘旋升高，通常是雄蝶间追逐争斗；如果两只平行并飞，"梁山伯与祝英台"的可能会大一些。

求偶的报喜斑粉蝶

蝴蝶求偶时，除去在异性前表演飞行和舞蹈外，有些蝴蝶还会分泌性信息素的气息吸引异性。通常，蝴蝶中散发气息的是雄性，蛾类散发气息的是雌性。

正在交尾的曲纹紫灰蝶看上去像一只双头蝶

雄蝶有着复杂的身体结构，腹部的抱握器可以像特制的钥匙一样扣住雌性的内生殖器，保证了在众多蝴蝶中的生殖隔离。

正在交尾的金斑蝶

蝴蝶交尾大多是雌性与雄性面向相反的方向，腹部相扣。

夜幕降临后的校园，虫鸣在各处响起，在黑暗的宁静中格外响亮

低吟浅唱的歌者

2000 多年前，一位恋爱中的少女在《诗经》里吟唱："喓喓（yāo yāo）草虫，趯趯（yuè yuè）阜螽。未见君子，忧心忡忡。"——草虫在喓喓地鸣叫，蚱蜢在四处蹦跳。好久未见到心上的人，心中忧愁不安宁。

2000 多年过去了，世间的变迁沧海桑田，没有变的是虫子的鸣叫和思念的情怀。

广义上，所有发出声音的昆虫都是"鸣虫"，事实上，中国民间所说的"鸣虫"仅限于直翅目的蟋蟀类和螽斯类的鸣虫——这些鸣虫有两个共同之处：由前、后翅相互摩擦发声；从人的审美角度，它们的叫声都非常动听。

在校园里，蟋蟀类和螽斯类的鸣虫在丛林、在草地、在宿舍前的花园，甚至在我们阳台的花盆里，为我们唱着动听的歌。

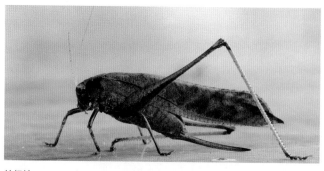

||| 音频 |||
纺织娘鸣声

纺织娘

纺织娘是校园里叫声最响亮的鸣虫，发出"沙沙"或"轧织、轧织"的声音，很像古时候的织布机，因此被人们取名为"纺织娘"。事实上，雌性总是沉默的聆听者，发出鸣唱的是一点都不"娘"的雄性。

||| 音频 |||
日本钟蟋的鸣声

日本钟蟋

每年 8 月后，在校园僻静的步道边，会听到日本钟蟋如铃铛震动一样的鸣叫。

锤须奥蟋

锤须奥蟋无疑是校园里最美丽的蛉虫。鸣声像金属铃声。和其他鸣虫单一的隐蔽色不同，锤须奥蟋的身体有超过 5 种颜色。

||| 音频 |||
锤须奥蟋鸣声

生长在校园里的机缘

　　植物是校园里体量最大的生命体，它遍布校园的每一个角落。如果把校园里所有动物和植物分别放在天平的两端，天平会毫无疑问地倾斜到植物一端——即使加上我们南科大的师生。

　　植物是所有生命基础能量的提供者，是食物链中基础食物的生产者。依靠光合作用，植物将太阳光的能量转化为生命所需的能量，这些能量不仅可以提供植物自身所需，还养育着其他许多生命——地球上的生物大多直接或间接以植物为生，包括我们人类。

　　和所有的生命一样，每一种植物都是经过漫长的演化才来到我们身边。从 35 亿年前的单细胞藻类开始，各种植物都在千变万化的环境下拓展生命。物竞天择，适者生存，无法应对环境变化的植物已被大自然淘汰，永远消失了，留存下来并生活在我们身边的植物，是生命的机缘。

材料科学与工程系楼前的小叶榄仁

小叶榄仁是校园里常见的遮阴树，主干浑圆挺直，枝丫自然分层轮生，向四周水平开展，像一把倒立的半打开的雨伞。

开满一树淡绿色穗状花的小叶榄仁

"叶如飞凰之羽，花若丹凤之冠"，凤凰木鲜红的花朵和嫩绿的复叶相映衬

凤凰木，毕业季之花

凤凰木是世界上色彩鲜艳的树木之一。在亚热带的深圳，凤凰木一年会有两次花期，大多盛开在毕业季。歌手张明敏在《毕业生》中唱道："蝉声中，那南风吹来，校园里，凤凰花又开。无限的离情充满心怀，心难舍，师恩深如海。"

花开南科大

在南科大的校园里，已记录到的开花植物超过 300 种。

花，植物的繁殖器官，是一亿多年间植物与传粉者协同演化的终极成果。地处南亚热带的深圳，气候温润，生境多变，生长着繁盛多样的植物，一年四季都可以看到各种各样的花开放。

一花一世界，其实，一朵花更像一家精心运营的公司：设计部、广告部、营业部集于一身。为了吸引传粉者，每一种花都设计出了自己的风格，用自己独有的色彩、气味、造型吸引特定的"顾客"；蓝海战术，精准服务，每一种花都和传粉者达成了互利互惠的交易，高效的运营只为完成一个简单而直接的目标：传宗接代。

外来植物含羞草

不是所有的植物都会开花。要依靠果实和种子繁衍的植物才会开花结果。

开花结果的被子植物海杧果

典型的花有花萼、花冠和产生生殖细胞的雄蕊与雌蕊。
只有被子植物才有花，所以也称为有花植物。

本土藤本植物白花油麻藤，又名禾雀花

花是显花植物传宗接代的必要器官，精妙的造型超乎我们
的想象。任何一种植物都有自己独特的形状。

红花羊蹄甲

一些植物的花会散发出特有的气息，吸引昆虫，达到传粉的目的。能够让人闻到，产生愉悦感受的气息，就是花香。

不开花的蕨类植物伏石蕨

并不是所有的植物都开花。有些植物依靠孢子繁衍，像蕨类、苔类、藓类就不开花。

植物中的原住民

荔园背后的麻坑窝山丘上生长着茂盛的本土植物

深圳的本土植物，与当地的饮食、服饰、建筑、风俗习惯有着千丝万缕的联系。

在深圳还是宝安县的新中国年代，在深圳和香港还同属于新安县的清政府年代，更早一些，在深圳还是以捕鱼采摘为生、极少农垦的滨海南越部落的年代，这片土地上就生长着难以计数的本土植物，它们是经过漫长的自然选择和物种演替，有着高度生态适应性的植物。

在亚热带的生境里，深圳的本土植物融入了当地的生态系统，它们的机能已经完全适应了深圳的气温、光照、降雨、土壤和水质。除去适应性，抗逆力是本土植物最强大的特征。贫瘠土壤，酷暑烈日，台风暴雨，这些本土植物都可以抵御。它们完全不依赖人类，自然生长，自然繁衍，自然分布。高大而长寿的乔木，低矮的灌木，缠绕的藤本，长长短短、高高低低的青草、苔藓、地衣，都能找到自己的落脚之处，在不同层次共同覆盖着大地。

被误认为蒲公英的黄鹌菜

校园里见不到蒲公英，人们常常把黄鹌菜误认为北方常见的蒲公英。这种野生的小黄花颜色鲜艳，果实上有一层柔软的白色冠毛，种子可以像乘着降落伞般起舞，随风传播。

每年秋日到来时在麻坑窝山丘上盛开的盐肤木

盐肤木和许多本土植物一样，适应性强，对土壤要求不高，在酸性和干旱瘠薄的土壤上都可以生长。

盐肤木的花朵吸引蜜蜂来采蜜

闻着臭，吃着香

鸡矢藤是草质藤本植物，初闻确实有一股鸡屎味，凑近再仔细闻闻却有植物特有的清香。初春鸡矢藤长得最嫩的时候，原住民会采来做鸡矢藤粿，是深圳传统的乡土美食。

鸡矢藤的花朵

木棉的心机

校园里盛开的木棉花

    每年，校园里的木棉树开花后，最兴奋的不是蜜蜂和蝴蝶，是鸟儿。

    鸟的视觉远远超过味觉，为了吸引它们，木棉的花朵鲜红而招摇，硕大的花体为各种体形的鸟儿留出了足够的空间。

    花是树木的繁殖器官，雄蕊将花粉传授给雌蕊后才能结出延续种群的果实。只是木棉的雌雄花蕊并不会直接接触，要依靠各种"媒婆"。工于心计的木棉设计了一套抓大放小的戏法：盛开的木棉花，每天能分泌巨量的花蜜，藏在花朵的底部，对鸟儿和松鼠来说，一朵朵木棉花，就是一杯杯既能解渴，又能充饥的上等美食。食客们一次次地探身，就是在为木棉有效地传粉。

秋冬盛开的美丽异木棉

木棉和美丽异木棉最醒目的区别是：木棉每年春天 3—4 月开花，进入夏天后果实成熟。美丽异木棉每年秋冬 10—12 月开花，来年的 5 月前果实成熟。相比木棉花，美丽异木棉的花更纤细柔弱一些，被人称作"美人树"。

赶来赴宴的红嘴蓝鹊

小巧的暗绿绣眼鸟，整个身子都可以埋在花朵中

木棉花吸引身材娇小且嗜蜜的太阳鸟、绣眼鸟，许多体形较大的鸦科鸟类也会来解馋。一朵木棉花像一只碗，除了盛自产的花蜜还能接存雨水，吸引来有各种需求的食客。

植物讲授的数学课

警务室门口丛生的芒萁

芒萁是蕨类植物，没有花、果实、种子，以叶子为主体。和其他植物比较起来，叶子在整个躯体中占最大的面积，可以在茂密的丛林里捕捉更多的阳光。

一片山地被大火烧过之后，地面一片焦黑，一般在 10 天之内，就会有点点绿意冒出来——它们大多就是芒萁。在一片丛林被砍伐，土层被挖掘之后，裸露的黄土上最先长出的植被，也常常是芒萁。

芒萁在丛林的底层、林缘或荒坡生长，在南科大的校园里，其他植物难以适应干燥贫瘠的酸性土壤，成片的芒萁却可以覆盖整个地面。

芒萁叶子可以一生二、二生四地分枝蔓生，依此类推，最多可分到八次。如果拿芒萁叶轴上一个小分叉和整体比较，会发现它跟整体的分叉特征一样，具有"自相似性"。这种特征，在数学上叫作分形，是几何学的一个分支。

用几何学分枝蔓生最大的好处是：芒萁的每一个叶片都可以最大限度地接受到阳光。

芒萁的孢子囊群

成熟的叶片背后可以看到孢子囊群。孢子是蕨类主要的繁殖和传播工具，孢子的大小和细胞差不多，肉眼无法看见。一般以 64 颗为一组藏在孢子囊里。黄色的毛球是蜘蛛的卵囊。

贫瘠土壤里生长的芒萁

芒萁叶子可以一生二、二生四地分枝蔓生。

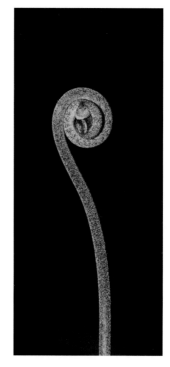

芒萁的拳卷幼叶，像新生儿紧握的拳头

不管在什么地方，只要看见幼叶是卷曲旋转的形状，就可以确定是蕨类植物。世界上再没有一种植物的幼叶是卷曲旋转的形状。

变色的不一定都是龙

带着冠子的"蛇"

变色树蜥全身满布细小的鳞片，背部有一排威风凛凛的脊突，在广东，人们形象地称变色树蜥为"鸡冠蛇"。发情期的雄性变色树蜥变得十分招摇，体色鲜艳醒目，动作亢奋，喜欢立在高处，突起红色的喉囊，频频点头，吸引异性的注意。

　　变色树蜥是南科大校园里常见的爬行动物。它们不太怕人，路旁、湿地和树干上都有它们身影的出没。

　　许多人会误认为它们是一种变色龙。其实，变色树蜥属于鬣（liè）蜥科，变色龙属于避役科。变色龙会因为四周环境的变化和情绪的波动，身体瞬间变幻出强烈的色彩。变色树蜥没有这个本领，平时体色变化不大，大多是近似岩石和树皮的深褐色。只有到了发情期，雄性变色树蜥身体的上半截和头部才会变成红色，眼圈附近是亮黑色。

　　变色树蜥比变色龙的适应力更强大，从西亚干热的丘陵到南亚炎热的海岛，从大洋彼岸的北美到遥远的非洲大陆，都有它们敏捷灵活的身影。更为强悍的是，变色树蜥可以适应人类的城市生活，在高楼大厦、车水马龙的都市里也生活得有滋有味。

翻转腾挪时的稳定器

变色树蜥尾巴特别长，可以达到躯干部位的 2 倍，长长的尾巴是身体稳定器，也方便在灌木间追捕猎物和逃避掠食者。

强悍的外来者

具有强悍适应力的罗非鱼

罗非鱼繁殖力强，能在水质较差的水域存活，并能保持肥美鲜嫩的肉质，是主要的淡水养殖鱼。

南科大校园的湖水和河水中，罗非鱼是当之无愧的霸主。

原产地在非洲的罗非鱼是热带鱼类，20 世纪 50 年代引入中国。因为生长快、产量高、疾病少、繁殖力强、养殖成本低，尤其是肉质鲜美、刺少，很快覆盖全国。几经杂交培育，罗非鱼的适应力、体形、肉质日趋改善，在广东，罗非鱼也有了一个更好听的名字：福寿鱼。现在，不仅在中国，在全球，罗非鱼都是分布最广的水产养殖鱼，中国已是世界上最大的罗非鱼出口国。

罗非鱼对环境的适应力达到了匪夷所思的地步，在都市重度污染的河流里，大部分鱼早已无法生存，一些罗非鱼还可以活下来。在深圳的河流中，罗非鱼是真正的霸主，其凶猛的掠食已让本土原生鱼完全没有立足之地，罗非鱼也因此成为深圳著名的入侵物种之一。

罗非鱼的成年鱼与幼鱼

罗非鱼生长迅速，在无人饲养的环境里，一条 3—4 克重的幼鱼，不到半年体重就可以增加 20 倍以上。

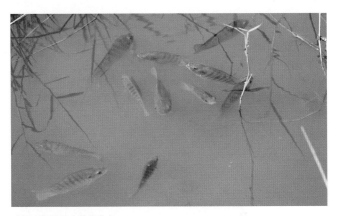

咸淡水都能适应的罗非鱼

深圳的淡水鱼，一生大都生活在溪流湖泊中。罗非鱼可以适应淡水，也可以栖息在半淡咸水的入海口，甚至能完全适应海水。

跃出水面啃吃竹节菜的罗非鱼

罗非鱼是杂食性鱼类，天生一副好胃口，食量大、食性广，它吃水中的浮游生物和小鱼小虾，水草和岸边的植物也在其食谱中。

"慈爱"的罗非鱼

游龙戏凤

一些求偶期的雄鱼会生出婚姻色，体色变得艳丽，吸引雌性。罗非鱼属于慈鲷科的鱼类。这一种类的鱼在繁殖期有极强的领地意识，性格暴躁，喜欢打斗，但对自己的后代呵护有加，极其慈爱，因此被称为慈鲷。

建造婚房

繁殖季到来，成熟的雄性罗非鱼会在浅水区挖窝筑巢。雄鱼身体垂直，用力张口向水底挖掘，口中含到泥后，迅速离开鱼窝向前游去，把口中泥土吐出，持续辛劳，直到挖出一个圆形产卵窝。

争风吃醋

这一对"亲吻"的罗非鱼不是在秀恩爱，而是两条雄鱼在争斗。产卵窝做成后，雄鱼以窝为中心，建立自己的"势力范围"。一旦有其他雄鱼靠近，守窝的雄鱼立即竖起背鳍，张开大口，将"情敌"赶走。与此同时，雄鱼还会不停地拦截、逗引雌鱼入窝配对。

慈祥父母

罗非鱼一次产卵的数量极多，最多到 1000 多颗，鱼卵孵化率也相当高。有时甚至会把鱼卵含在口中孵化。

护幼有方

孵出的幼鱼可以游动时，雌鱼就会将幼鱼放出口外，让幼鱼在四周游走、摄食。雌鱼守在成群的幼鱼附近，警惕地留意着四周，如有别的鱼靠近，雌鱼会奋力驱赶。如果意识到危险，雌鱼会张开嘴，让幼鱼迅速游入口中得到庇护。

summer

到南方的风中流浪，

是我的向往。

养育我的北方，

便成了思恋的地方。

我以南方的荔枝，

思恋北方的高粱。

我以南方的热烈，

思恋北方的苍凉。

——田地 《南方北方》

在五爪金龙花朵中采蜜的中华蜜蜂

深圳的 5 月，是植物开花最多的季节，大约有三分之一的灌木会在这个季节开花。这个季节种群和数量都达到顶峰的昆虫，会奔忙在花朵中，在觅食中充当传粉者。

夏日里的校园

深圳的夏季是最漫长的季节，通常都会超过 191 天。

在长达半年多的时间里，北方的冷空气消失，太平洋的亚热带高压脊出现。这是深圳一年中天空最清澈、云彩最丰富、气候最多变的季节。酷暑、雷电、暴雨、"龙舟水"（华南地区端午节前后出现的持续强降水）、台风接踵而至。

深圳的降雨大多集中在夏季，占全年雨量的 86%，春、秋两季的雨量各占 6% 左右，冬季的雨量最少，只占 2% 左右。

充足的日照和降雨让植物铆足了劲生长、开花、结果，为大大小小的动物生产出了充足的食物，夏日成为自然生命最活跃、物种最繁盛的季节。

嗷嗷待哺的新生一代

夏候鸟家燕在夏季来到深圳繁衍下一代。深圳大部分留鸟的繁殖季节也都在 4 月到 7 月之间，有一些甚至会延续整个夏季，这个季节是育雏的主要食物——昆虫——最繁盛的季节。

完成"树生大事"

假苹婆裂开后的蓇葖果。注意左下角的花，有时能看到花果同期出现。假苹婆是典型的热带植物，会在夏季落叶、开花、结果，集中在全年最热和水量最充足的季节办完"树生大事"。

夏日里的生殖机器：树干上聚集的啮（niè）虫

夏季是大部分昆虫的繁殖季节，一些昆虫在温暖湿润的气候中爆发式增长。

校园的草坪上，八哥捕食蛾的幼虫

一些昆虫一年可繁衍数代，繁殖力特别强。如果没有黑领椋鸟、黑脸噪鹛、八哥这些鸟的围食，难以想象草地里的虫子会泛滥到什么程度。

校园里的吃吃吃

　　1.5 亿公里之外的太阳，将养育生命的基本能量赐给了地球。这种能量的流动和转换，在生物的吃与被吃之中传递。植物和植物，植物和动物，动物和动物……层层叠叠，环环相扣，组成了食物网。

　　即使在南科大校园面积不到 2 平方公里的土地上，食物网也是如此交错繁复。如果把物种之间能量与营养的传递关系用线条勾连起来，呈现出来的景象几乎是一个迷宫——生命在这个城市里编织了复杂精妙的互联网。

　　食物网提示了我们理解生命的 3 个视角：

　　生命互联网的丰盛、壮观和复杂远远超过了人类目前的智力所及；

吸食薇甘菊花蜜的青斑蝶

按照食物的材质来分，有接近 50% 的昆虫是素食者，是只吃植物的植食性昆虫。

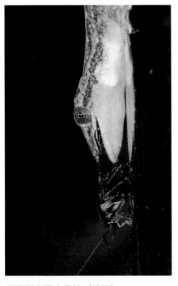

原尾蜥虎猎食蜚蠊（蟑螂）

四季常青的校园里，生命之间弱肉强食，搭建了环环相扣、传递营养的食物网。

蜾蠃（guǒ luǒ）在马利筋的花朵中觅食

蜾蠃是既吃肉又吃素的杂食性昆虫。

　　各种生命相互猎食的表象，掩盖了生命之间唇齿相依的真相；

　　每一个物种都不是孤立的，链条中任何一个环节的脱落和缺失，都有可能引发一连串的崩溃。

吸食鸡冠刺桐花蜜的暗绿绣眼鸟

长大后就变成了你

求偶之后，鸟儿的繁殖要经过筑巢、孵卵、育雏三个过程。

筑巢不仅给孵卵和养育下一代搭建了一个家，筑巢的过程同时也刺激鸟儿体内性激素的分泌，增进了伴侣间的交往。通常，巢筑好后几天内鸟就会产卵。产卵虽然都由雌鸟完成，孵卵却有个别由雄鸟完成。通常 10—15 天，幼小的生命就会破卵而出。

大多数鸟儿是雌鸟养育后代，鸟类的育雏过程是它们生命中最劳累的一个阶段。和所有的生命一样，成鸟的繁衍充满挑战，但浸透着美好；幼鸟的成长充满凶险，但延续着希望。在昼夜变幻、日月更替中，生死轮回，每一种飞鸟都竭尽全力地延续着自己的种群。

产卵

暗绿绣眼鸟每次产卵 3—4 枚，小巧的蛋直径只有 10 毫米左右。吊篮式的巢穴建在灌木和树杈上，有些胆大的暗绿绣眼鸟会把巢穴建在阳台的绿植上。暗绿绣眼鸟搭建这个精致的家要花 10 天左右。

孵卵

小而精致的巢隐藏在浓密的枝叶间，避免受到惊扰和天敌伤害。

雏鸟

刚刚孵出来的雏鸟眼睛都睁不开。在快速长大的日子里，雏鸟对食物的索求几乎是贪得无厌，辛劳的父母几乎不到 10 分钟就会飞回来一趟，给它们带回食物。

离巢

通常两周左右，幼鸟就可以离开父母，独立飞行。一家鸟也各自散去，原来的巢穴就废弃了。

孵卵的白头鹎

常见的鸟巢大都是碗状，能防止鸟蛋滚落和分散，这一点对一次孵较多卵的鸟儿特别重要。如果全窝的鸟蛋都能收拢在亲鸟的身体下面，胚胎就可以在亲鸟体温下正常发育，掩体式的结构对刚孵出的雏鸟也能起到呵护作用。

一期一会的客栈

　　夏日里，在校园的树林里，僻静的楼角屋顶，有时甚至在阳台的花盆里，都会有一些鸟儿建起自己的窝。大部分鸟儿只有在生儿育女时才会修房建屋，巢穴是为了孵卵和安置幼鸟而准备的。

　　对鸟儿来说，筑巢就是繁殖行为的一部分。修建新房会在生理上刺激它们，忙忙碌碌的鸟儿身上散发出浓烈的性的气息，相互吸引。这一点似乎和人类有点相似，一对伴侣在共同打拼置办一套住房的时候，可能是最相依相托、相亲相爱的时候。

　　从大树的顶端、岩石的缝隙、灌木的枝丫，到岸边的芦苇荡，不同的鸟儿会选择不同筑巢地。安全是它们考虑的第一要素，必须尽量保证亲鸟孵卵不受侵扰，保证刚孵出来的雏鸟不受天敌的伤害。

少数雌鸟和雄鸟会在这个巢穴中相濡以沫，共同养育后代。只是，幼鸟长大后，当初恩恩爱爱的雌鸟和雄鸟会离开鸟巢，劳燕分飞。幼鸟翅膀硬了后也对这个家没有留恋，各奔东西。鸟巢只是鸟儿一家生命中因缘际会的一个客栈。

长尾缝叶莺缝的家

长尾缝叶莺先选好宽大的植物叶片，再用天然的植物纤维、蜘蛛网把叶片缝合起来。鸟巢的形状像一个深深的长脚杯。里面垫着柔软的细草茎、须根，入口处还常常用闭合的叶子遮住。难以想象这种纤弱的小鸟如何完成这样繁复的工程。

衔着枯叶准备筑巢的画眉

对鸟儿来说，营建巢穴是一件十分浩大而艰辛的"工程"，每一根枯枝，每一片落叶，每一个泥团，都要用嘴巴一次次地运回来。建好一个家，要来回数百次。

白头鹎的方言

雄鸟鸣唱的曲调是否响亮多变，是雌鸟择偶的标准

繁殖期是白头鹎叫声最丰富的日子

一只白头鹎单独站在突出的枝头或是树顶上高声鸣唱，过了多久，另一只白头鹎飞过来，两只鸟一唱一和。繁殖期的白头鹎会建立它们的领域。

白头鹎是南科大校园里最常见的留鸟之一，也是高度适应都市生活的鸟儿，街头巷尾、公园高楼，都能见到它们的身影，听到它们的叫声。

繁殖期到来，雄性白头鹎会竭尽全力发出音节相连的婉转长句，这就是鸣唱。平常居家过日子，白头鹎的叫声平和、短粗、单调，和麻雀的叫声有点像，这就是鸣叫。当发现天敌和入侵者时，白头鹎会发出紧张不安的叫声，声音噪杂、沙哑、急促，传递报警、恐吓和驱逐的信息，这是警戒叫声。

学者们的研究结果证明，和人一样，白头鹎也有自己的"方言"。在一个区域内稳定的鸟群里，叫法有较高的一致性，不同地域、不同群落的白头鹎，会发出不同的声音。好像人类的"十里不同音"，鸟类的方言不仅相隔数百上千里存在差异，仅仅几公里外的不同群体之间，也有明显的"微地理方言"——福田区莲花山公园里的白头鹎和南科大校园里的白头鹎，叫声的长度、语调、音节、持续时间及所表达的含义可能都会有差异。

"校园三剑客"中的两剑客

依照观察记录,白头鹎(上)、白喉红臀鹎、红耳鹎(下)是校园里数量比较多的鸟,它们集群、活跃而聒噪。

四喜歌手鹊鸲

鹊鸲性格活泼，鸣叫动听，民间称"四喜鸟"："一喜长尾如扇张，二喜风流歌声扬，三喜姿色多娇俏，四喜临门福禄昌。"

ꛫ音频ꛫ
鹊鸲的鸣唱

听一听，鸟儿在说什么

　　鸟儿的鸣声，一年四季从早到晚回荡在南科大的校园里。这也是这个亚热带城市里随时随地可以听到的自然之音。

　　鸟类的鸣声是相互沟通信息的"语言"，当鸟儿们集群、取食、宣示领域、求偶、育雏、报警时，会发出不同的鸣叫。

　　鸟儿发出的声音，大致分为两种：鸣唱和鸣叫。

　　鸣唱又叫鸣啭，通常是鸟儿们在性激素驱动下发出的鸣叫，吸引异性前来配对；鸣唱的声音响亮、富于变化，常常是多音节连续的旋律。

噪鹃，叫声传得最远的鸟

每年的春天和初夏，校园的上空常常会听到"喔哦""喔哦"的凄厉叫声，尖利的鸣叫一声接一声，逐渐放大，尤其是深夜和天未亮的时候，叫声更是让人心悸，对雌性噪鹃来说，这是雄性噪鹃缠绵动听的呼唤。

吉祥鸟喜鹊

喜鹊是很有人缘的鸟之一，从古至今人们都认为喜鹊的出现和叫声是好事好运的兆头。其实，按照人的审美，喜鹊的鸣叫并不悦耳，单调、响亮，甚至有点嘈杂。

花枝招展的雌性噪鹃，值得雄性为之夜夜高歌

‖‖音频‖‖
噪鹃的鸣唱

‖‖音频‖‖
喜鹊的鸣叫

　　鸟儿的鸣唱，就像人的情歌，与人不同的是，鸟儿的情歌大多是雄性唱给雌性，雌鸟几乎不出声，而且，鸟儿的情歌大多是在繁殖季节的发情期才唱出来——婉转多变的叫声里传递着求婚的信息：自己的种类、性别、所占据的地盘、所在的方位，还包括自己的体能与技巧。

　　相比较，鸟儿的鸣叫就单调一些，大多是日常沟通、联络和通报危险，传递的信息是呼唤、警戒、惊叫、恫吓，声音短促，语调平和，不受季节变化的影响。

Notes of Landscape in SUSTech 南科大自然笔记

东亚石䳭（jí）的击石声

在河流、湖边、田野的草丛和灌木里，常常能听到这种小巧鸟儿的叫声，像两块石头的敲击声。

珠颈斑鸠的咕咕声

珠颈斑鸠是外形和叫声特别像家鸽的留鸟。春夏季节，常常能听到它们求偶时响亮悦耳的叫声，面对心仪的雌性，珠颈斑鸠雄鸟一边鸣叫一边像鸡啄米一样点头。

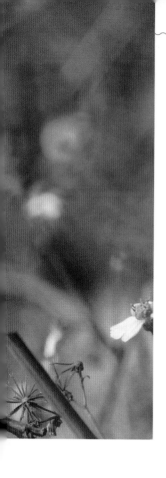

嘈杂喧闹的黑脸噪鹛

黑脸噪鹛的脸部漆黑，成
群结队地在地面或灌丛间
跳跃穿行。叫声响亮、单
调、嘶哑，一只黑脸噪鹛
鸣叫时常常会引起整群跟
着狂叫。

‖‖ 音频 ‖‖
黑脸噪鹛的鸣叫

‖‖ 音频 ‖‖
珠颈斑鸠的鸣叫

紫啸鸫，长得美又叫得动听

从远处看，紫啸鸫是黑色，走近了看，是金属感的紫色。紫啸鸫停下来
时会把尾羽一下一下地散开。求偶时，雄性紫啸鸫的叫声格外动听、多
变而富有音韵，犹如哨声。

‖‖ 音频 ‖‖
紫啸鸫的鸣叫

昆虫的成年礼

蝶变，羽化带来的新生
正在羽化的绢斑蝶。羽化即将
到来时，蝶蛹会发生剧烈的变
化。蛹壳变得透明，翅膀与
身体其他部位的纹路会清晰显
现。羽化时，蛹壳开裂，新生
的蝶扭动躯体，从中脱出。

　　一只完全变态的昆虫，每一次生命的转换都有诗意的名字：
一粒卵变成幼虫的过程称作"孵化"，幼虫成熟后变成蛹的过
程称作"化蛹"，由蛹蜕变为成虫的过程称作"羽化"。不完
全变态的昆虫没有"蛹"的阶段，一生由卵、若虫、成虫三个
阶段组成。

　　"羽化"是一只昆虫的"成年礼"，自此，一生经历了卵、幼虫、
蛹和成虫形态的昆虫就此定型，不再变化。

　　观察一只昆虫脱胎换骨、成仙得道似的羽化，令人感动：

　　最开始，蛹壳内的蛹，挣扎着扭动身体，对蛹壳施加压力，
蛹壳开裂，新生命慢慢爬出来，玲珑剔透、泛着美丽图案的羽翼缓
缓张开，与此同时，身体的调整和血液的充盈驱动翅膀腿脚得到伸
展，表皮逐渐硬化，新生命就可以在世界上行走飞行了。

　　羽化后的昆虫，器官充分发育，最重要的使命就是交配、产卵，
在繁衍和死亡中开始生命的下一个轮回。

羽化中的蜻蜓

蜻蜓是"不完全变态"的昆虫，它们不会像蝴蝶或飞蛾一样结蛹，直接从稚虫蜕变为成虫。蜻蜓的稚虫从水底爬出，脱壳而出，开始羽化。在羽化中，蜻蜓柔软的身体和翅膀慢慢伸展，逐渐变干硬化，开始飞翔。

正在蜕皮的叉突眼斑蟋螽

昆虫之所以蜕皮，是因为昆虫的外骨骼不能随幼虫的生长而长大。蜕皮时，昆虫的幼体从外骨骼中钻出来，并且由表皮细胞重新分泌新的外骨骼。

一点都不浪费

正在蜕皮的纺织娘。一些昆虫会把自己蜕下的外皮吃掉，来补充营养。

蝉的禅意

　　夏日校园里，到处可以听到蝉鸣。

　　不同种类的蝉，生命周期也不同，但是它们大部分时间都在暗无天日的地下度过。在深圳，那些羽化后停留在枝叶间，在阳光下鸣唱的蝉，都是即将告别世界的过客。

　　夏天，母蝉产卵后一周内就会死去，卵经过一个月左右孵化长成若虫，若虫掉落到地面，马上寻找柔软的土层钻进去，开始漫长的蛰伏生活。这样的蛰伏有持续一年的，也有十多年的。它们在地下经过数次蜕皮，在它们认为成熟的时机，钻出地面，穿越各种障碍，爬上树干，开始羽化。

聚集在一起的斑点黑蝉

夏日里成千上万只蝉一起鸣叫，会形成巨大的声浪。只有雄蝉才会鸣叫。古希腊人留下一句谚语："蝉啊，你真是幸福，你有一个不会说话的妻子。"

刚刚羽化的黑蚱蝉

我们觉得蝉的生命短暂，是因为它们生命中的大部分时间都在地下度过，我们很少有机会见到。

羽化后的蝉大都只有不到一个月的寿命，在这段短暂的时间里，雄蝉拼命鸣叫吸引异性，被歌声吸引的雌蝉飞来和雄蝉交尾，短暂的相会后，雄蝉很快死亡，雌蝉在产卵后也告别世界。

那些挂在枝头树缝里的卵，静静地等待孵化，等待生命的下一个轮回。

羽化成功的斑点黑蝉在歌唱（右上）
被真菌寄生的斑点黑蝉在腐烂（左下）

蜕于浊秽，不获滋垢

　　一只蝉能在暗无天日的土中成长数年甚至超过 10 年，将要羽化时，会选择一个夜晚钻出地表，爬到树上，开始蜕皮羽化。

　　蝉的羽化，也就是我们通常讲的"金蝉脱壳"，是一个令人感动的过程：爬在树干上的蝉若虫外壳从头胸处裂开，蝉像新生儿一样慢慢爬出来，玲珑剔透、泛着美丽图案的蝉翼缓缓张开，一个生命从此正式成熟。

　　蝉的羽化过程是一种脱胎换骨、复活重生的景象。新生的成虫栖于高枝，饮甘露而生，"蜕于浊秽"而"不获世之滋垢"。远在汉代，蝉的自然习性就被赋予了哲思的含义。

校园里树木的枝干上，常常能见到的"蝉蜕"。
带着泥土的蝉蜕，是蝉羽化后留下的外骨骼。

蝉若虫的前足牢牢地勾在树上，保证整个羽化过程可以稳定平安地进行。羽化开始时，最先出来的是头和两只炯炯有神的复眼。

鲜嫩的身体和褶皱的翅膀也露了出来，整个过程蝉若虫必须垂直面对树身，露出来的部分重心向下。

蝉的上半身脱离外壳后，倒挂着展开双翼，此时蝉的双翼柔软，用血液压力让双翼渐渐伸开。如果此时受到侵害，体液输送不正常，翅膀就会发育畸形。新生的蝉翅膀逐渐变硬，颜色变深，就可以起飞，开始生命的另一段旅程。

Notes of Landscape in SUSTech 南科大自然笔记

避免被吃掉的本领

昆虫是数量最多的动物，也是大自然里最基础的食物之一。天上的鸟，地上的蛙，水里的鱼，都对它们虎视眈眈，昆虫之间也相互猎食，每一种昆虫都是食物链里的一环。

在危机四伏的环境里，昆虫没有庞大的体魄、尖利的爪牙和致命的毒液来自卫，它们最擅长的是装扮、躲藏和逃避，因而演化出了富有创意的颜色、图案和体形。

为了避免沦为天敌的食物，昆虫的招数层出不穷。

01 保护色迷惑法

昆虫把身体外部的颜色改变为与周围环境相似的颜色，让天敌不易辨识。最常见的保护色是绿色、褐色和棕色。

蓑蛾，成功的逃债者

蓑蛾幼虫会收集枯枝落叶，用吐出的丝粘在一起，制造成一个小房子，把自己包裹起来，躲避天敌猎食，因此蓑蛾又被称为"避债蛾"。

对环境的模仿

枯叶蛾的幼虫，体色斑点和枝干一模一样。

视力与智力的考验

树干上的布埃尺蛾。有些蛾甚至会呈现树皮的斑驳，完全与树干融为一体。

02 拟态混淆法

拟态是比保护色更高级的求生法。一些昆虫不仅通过颜色，而且通过外形、姿态或行为模仿其他生物来躲避天敌。

无毒的模仿者斑凤蝶

有毒斑蝶带有警戒意味的身体图案，被一些无毒的蝴蝶模仿，成为防身利器。

狭口食蚜蝇，装扮成蜂的蝇

食蚜蝇把自己拟态为凶狠有刺的胡蜂和蜜蜂。为了逼真，还会仿效蜂做蜇刺动作。仔细看就能看出破绽：食蚜蝇只有一对翅膀（后一对翅膀特化成了一对平衡棒），蜂有两对翅膀。

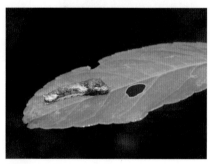

最有创意的拟态

柑橘凤蝶的幼虫最大的天敌就是鸟，有什么比模拟成鸟粪的模样更安全呢？

03 警戒色恐吓法

有些昆虫用招摇的色彩和斑纹，向猎食者表明自己的身体有毒、有刺、会分泌恶臭，不能吃也不好吃，借以威慑和警告天敌。

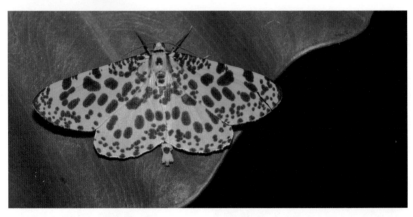

时尚而有效的警告：大斑豹纹尺蛾

豹纹是一些飞蛾钟情的图案，黄黑相间是向天敌宣示身体有毒的警戒色。

印度侧异腹胡蜂凶悍的体色

身怀毒刺的猎食者胡蜂，体色和模样有威慑和警告力，成为一些昆虫的模仿对象。

体验过的教训：古毒蛾幼虫

毒蛾幼虫含有毒素的毛会刺痛鸟的口腔黏膜，黄色就成了对鸟的有效警告。

高调而张扬的警戒色：离斑棉红蝽

与低调掩藏的伪装色不同，警戒色与背景形成鲜明对照，一些有恶臭和毒刺的昆虫长着鲜艳的色彩和斑纹，醒目张扬，让天敌易于识别。

04 密集震慑法

在山野里，常常会遇到昆虫的幼虫密密麻麻地聚集在一起，看得让人心里发毛。密集生存正是它们生存的策略之一。聚集起来的昆虫会对天敌起到阻吓作用，群居的幼虫也可以用牺牲部分同伴换来族群的延续。

个体与群体
群居的茶翅蝽若虫，可以用牺牲部分同伴换来族群的延续。

让自己看上去强大
不足1厘米的啮虫们聚集在一起，视觉上会显得像一个庞大的物种。

群居的细斑尖枯叶蛾
集群的幼虫之间会在体力和智力上相互竞争。

05 装死逃生法

昆虫的假死实际上是一种简单的应激反应。当它们的眼睛或身体感到周围环境有些异动时，神经就会发出信号，浑身肌肉就会收缩起来，原来停在植物上的足也会缩起来，身体就会滚落下去。

校园里的湿地公园和大沙河河畔是蜻蜓出没之处

"魔鬼的缝衣针"

夏日是南科大校园里蜻蜓数量最多的季节。

蜻蜓是古老的昆虫,三亿年前地球还没有蜜蜂、蝴蝶,也没有鲜花的年代,就已经有蜻蜓飞来飞去了。那时的蜻蜓是巨无霸,已发现有体长超过半米的蜻蜓化石。漫长的演化后,蜻蜓成了体形细小、翅膀单薄、飞行却最快的昆虫之一。

蜻蜓有四片轻盈透明的膜翅,有些蜻蜓翅膀重量不到 0.005 克,最快每秒可振动 33—50 次,交替以不同频率舞动,灵活地控制飞行。蜻蜓能在空中直上直下、定点悬飞,甚至还可以后退飞行,这样的本领连大多数鸟儿都不具有。有些蜻蜓的飞行冲刺速度最快可达到每秒 30 米。

在西方,细长的身形和飞快的速度给蜻蜓带来一个绰号——"魔鬼的缝衣针"。

Notes of Landscape in SUSTech 南科大自然密记

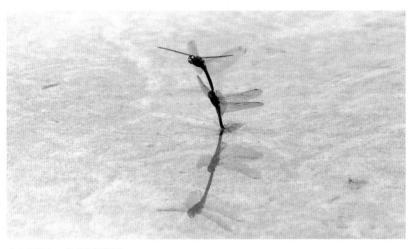

水上衔接在一起产卵的黄蜻

这是雄性对雌性的一种守护行为，防范前来骚扰配偶的"单身汉"，保证自己基因纯正地传到下一代。

雌性黄蜻

大雨降临前，常常会有成群结队的黄蜻在低空聚集飞行。黄蜻对环境的适应性特别强，这一优势让它们成为南科大校园里最常见的蜻蜓，也是地球上分布最广的蜻蜓之一——热带、温带、寒带都可以看到它们金黄色的身影。

雄性华丽宽腹蜻

一些雌性成虫和未成熟的雄性都是黄色，但是雄性在成熟过程中会慢慢变成红色。

雌性华丽宽腹蜻

这只雌性展示着它超薄的翅膀、肥大的肚子、圆鼓鼓的眼睛和令天敌畏惧的黄色。速度和敏捷使蜻蜓成为最有效率的捕食者。蜻蜓能在飞行中捕食，通常猎食小型昆虫，有时甚至会猎食同类。

71

秀美的豆娘——黄狭扇螅（cōng）

翅膀颜色多变，翅脉在阳光下泛着金属的光泽。豆娘喜欢栖息在河流、小溪和湖泊生境。蜻蜓和豆娘的繁衍离不开良好的水质，在污染严重的水体中，蜻蜓和豆娘的稚虫无法生存。

弱不禁风的肉食者

在校园的溪流、河岸和水塘周边，常常见到身形纤细、类似小型蜻蜓的飞行昆虫，这就是均翅亚目的螅，俗称"豆娘"。

蜻蜓目分为三个亚目。其中差翅亚目的昆虫两对翅膀形状和翅脉都有差异，就是我们通常所说的"蜻蜓"；均翅亚目的昆虫两对翅膀形状和翅脉都非常近似，就是我们通常所说的"豆娘"。

和蜻蜓比起来，豆娘体形细小，两只眼睛分得很开，活像一只小哑铃，体色多变、鲜艳，不能飞高飞远。"豆娘"一词准确地定义了这种昆虫阳刚不足、阴柔有余的气质。

不要被豆娘弱不禁风的外表迷惑，它们是不折不扣的食肉昆虫，豆娘的食谱里有蚊、蝇、蚜虫……，有时甚至会掠食同类。

浪漫的心形

正在交尾的褐斑异痣蟌。豆娘交尾时，雄性用腹部末端的抱握器握住雌性的头或前胸，连体之后，如果雌性已经准备交尾，会默契地将腹部弯曲，与雄性连接，无意中构成了一幅浪漫的心形图案。

落在花瓣上的褐斑异痣蟌

豆娘的身躯看起来十分纤弱，但发达的复眼、咀嚼式的口器暴露了它是肉食性昆虫。

正在产卵的黄粉蝶

它们大部分会把卵产在叶子的背面，减少受到伤害的概率。

蝶变的历程

作为变态发育的昆虫，一只蝴蝶要经过四个阶段才能羽化为展翅飞翔的生命：卵、幼虫、蛹、成虫。

我们常用"蝶变"一词形容生命的升华。从一粒微小娇嫩的卵，到一条单薄柔弱的小虫，再到静若修行的蛹，最后羽化为一只天空中飞翔的蝶，生命的演变，讲述着深刻的道理：如果找到了新生的路径，要勇于让旧灵魂死去。

蓝点紫斑蝶的完全变态

1. 蓝点紫斑蝶的卵。蝴蝶一次产卵的数量从几十个到几百个不等，大多数蝴蝶会把卵产在叶片、枝梢或芽苞上，卵的形状和颜色也各不相同。

2. 一般在 3—10 天里，幼虫会孵出来。初生的幼虫体弱细长，像个进食机器一样不停地吃吃吃。其间，每蜕一次皮便增加一个龄期，通常经过 5 个龄期后，幼虫便开始化蛹。

3. 化蛹前，幼虫停止进食和活动，准备化蛹。

4. 蛹期结束，蝴蝶破蛹而出，一只体态优美、色彩斑斓的蝴蝶就这样诞生了，这个过程叫作"羽化"。蝴蝶的成虫期也是它的繁殖期。一般蝴蝶成蝶后，生命期不是很长，在这段短暂的时间里，它们要忙着获取营养，寻找异性交尾，然后产卵，在告别这个世界前留下后代。此后，蝴蝶家族的下一个轮回开始。

不会传粉的采蜜者不是好蜂

在九里香花中采蜜的中华蜜蜂

中华蜜蜂是中国人饲养最久的蜂种，已有2000多年的历史。

南科大校园里，蜜蜂是最活跃的昆虫，它们追逐花朵，只要有花的地方，就有它们的身影。

蜜蜂是一亿多年前就和植物协同演化的古老昆虫，也是与人类关系最密切的昆虫之一。许多与人类生活息息相关、关系到人类生死存亡的植物，都需要蜜蜂授粉。蜜蜂是自然界里数量最多的授粉昆虫群体，也是人类唯一可以控制的天然授粉者。

意大利蜜蜂是养蜂人带来深圳的移民，是世界上饲养范围最广、饲养量最多的蜂种。意大利蜜蜂对于环境的适应能力特别强。它们能够极快地适应当地植物的花期，性情温和，容易控制，产蜜多。我们在深圳见到的蜂箱里大多是意大利蜜蜂。

中华蜜蜂是深圳的原住民，大多把家安在野外，自由自在，不容易受人的操控，岩洞、树洞、隐秘的草丛树丛都是它们安家的地方。

蜜蜂不仅辛劳地为人酿蜜，而且它们身为传粉者的价值远比制造蜂蜜的价值大得多。

步道公园里盛开的百日菊

一年四季，校园里人工种植和野生蔓延的花朵，是蜜蜂追逐的对象。

Notes of Landscape in SUSTech 南科大自然笔记

意大利蜜蜂在睡莲中采蜜

1896 年引入中国的意大利蜜蜂，有强大的适应力和繁殖力，使一些中国本土的野生蜜蜂种群的生存受到了一定的影响。

在马缨丹花中采蜜的鞋斑无垫蜂

无垫蜂是山岭里的野蜂，也属于蜜蜂科。

在木棉花中采蜜的棕马蜂

深圳有 100 多种蜂，大多能为各种各样的植物传授花粉，但一般来说很少大量酿蜜——马蜂并不酿蜜。

采食花蜜的天蓝土蜂

天蓝土蜂是独居蜂，不会酿蜜，也不会蜇人。与素食者蜜蜂不同，模样狰狞的土蜂荤素通吃，是金龟科昆虫的天敌。

校园里，茂密的植物和生活在其中的昆虫是生命的两大家族，它们之间复杂精妙的合作与对抗，成就了校园的勃勃生机。

两大家族恩仇录

昆虫，是数量最多的动物；植物，是体量最大的生命。两大家族在校园里一刻不停地上演着爱恨情仇的戏码。

大部分植物至少是一种昆虫的食物。超过 70% 的昆虫居住在植物里，植物是昆虫的住所，又是营养的来源。植物为植食性昆虫提供食物，肉食性昆虫又以植食性昆虫为食。追溯之下，大部分昆虫还有食腐性和食菌性。

这种"人为刀俎我为鱼肉"的关系无疑让植物深恶痛绝，植物用尽各种办法防范和抵抗昆虫的伤害，同时也费尽心思利用昆虫为自己带来益处。植物与昆虫的关系里，有互利共生，对双方都有好处；有偏利共生，对一方有好处，对一方也没坏处；有偏害共生，只对一方有好处，而另一方受到伤害与损失。

正是由于两大家族复杂精妙的合作与对抗，才有了校园里的勃勃生机。

集群的伤害

报喜斑粉蝶的幼虫正在啃食寄生藤的叶子。一只虫子的食量就像蚊子在一个成年人身上吸的一丁点血，大部分植物不会因此伤筋动骨。但虫虫们成群结队的围食会导致植物组织受到损害，枝叶坏死、枯萎。

幼年是敌，成年是友

鹅掌柴花中采蜜的报喜斑粉蝶。报喜斑粉蝶在幼虫阶段趴在枝叶上狂吃，长出翅膀后在花朵中飞翔，帮助植物传播花粉。

黄猄蚁猎杀正在啃食树叶的尺蛾幼虫

叶子上的虫瘿（yǐng）

植物组织遭受昆虫取食或产卵刺激后，细胞加速分裂和异常分化而长出畸形的"肿瘤"。有些虫瘿是虫卵和幼虫的房子。

深圳市花的故事年表

迎新桥上盛开的簕
杜鹃

　　簕杜鹃（俗称"三角梅"）是深圳广泛养种的植物。蔓生的簕
杜鹃虽然花粉管细小，难以授粉结果，但可以扦插繁殖——取一段
成熟的木质化枝条，插入疏松湿润的土壤或细沙中，就可以生根抽
枝，长成新植株。如今，种植和逸生在深圳的簕杜鹃已有数百万株，
在市区的每一个角落都可以见到它们的身影。

1766—1769 年间	1890 年前后
游荡在南美大陆的法国探险家布干维尔（Louis Antoine de Bougainville）在巴西发现了一种花朵热烈奔放的植物。他用自己的名字命名，并把它们带回欧洲大陆种植培育，这就是紫茉莉科（Nyctaginaceae）三角梅属（*Bougainvillea*）的簕杜鹃。	晚清时期簕杜鹃被引进中国，此后，中国培育出了上百个簕杜鹃品种。

吸食簕杜鹃花蜜的碧凤蝶

簕杜鹃的花只有米粒大小，像个小漏斗。
没有香味，为了吸引蜜蜂或蝴蝶来为它
传花授粉，它将紧贴花瓣的苞片增大，
"染"上多种艳丽的色彩，酷似美丽的
花瓣，招蜂引蝶。

落在簕杜鹃上的白头鹎

簕杜鹃花朵细小，大多是三朵聚生
在苞片中，三角形的苞片大而美丽，
常常被人误认为是花瓣。

1979 年　　　　　　　　　1986 年

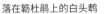

居住在厦门的诗人舒婷写下一
首《日光岩下的三角梅》："是喧闹的
飞瀑，披挂寂寞的石壁；最有限的营
养，却献出了最丰富的自己；是华贵
的亭伞，为野荒遮蔽风雨；越是生冷
的地方，越显得放浪、美丽……"这
首广为流传的诗歌让北方的读者第一
次知道了这种盛放在南国的植物。

深圳评选市花，最初在
荔枝、秋枫、香樟、榕树、簕
杜鹃、紫荆、紫薇、桂花、大
红花、兰花、凤凰木等植物中
挑选。市民几番投票后，簕杜
鹃得票最高，成为市花，荔枝
为深圳市树。

不辞长作南科人

校园内步道公园的荔枝林

南科大位于南山，南山荔枝产自特定地域，得天独厚的土质和天气，传统的栽培方法，养育出了独特的风味，被评为深圳唯一的中国国家地理标志产品，受地域专利保护。

荔枝，是遍布校园的乡土果木。

深圳种植荔枝的历史，最早的文字记录见于 200 多年前。《新安县志卷三·物产类》中记载："荔枝树高丈余或三四丈，绿叶蓬蓬，青花朱实，实大如卵，肉白如脂，甘而多汁，乃果中之最珍者。"深圳最老的一棵桂味荔枝，专业测定树龄已接近 350 年。

荔枝是长寿的果木，一年栽树，百年收获。1979 年宝安县变身为深圳市后，开始由农业县城向现代都市转变。40 年间，深圳的农业和种植业日渐式微，接近消失。只有荔枝的种植是特例，许多地方保留了荔枝果园。南科大的校园也保留了茂盛的荔枝林。每年的盛夏，同学们可以享受到直接从果园里摘下来的新鲜荔枝。

在此，可借用苏东坡的诗句感叹：日啖荔枝三百颗，不辞长作南科人。

果实累累的荔枝

荔枝属于无患子科，意思是结果不嫌多，从来不用担心没有后代。

每年2—3月，荔枝满树金黄色的碎花。

螺旋伤疤从何来

留心观察，果园里许多荔枝的树干上有螺旋形状的伤疤。这是果农发明的"螺旋环剥"技术，在荔枝树皮上螺旋状剥皮，阻碍光合作用的养分传递，抑制根系及新梢生长，增加枝梢的养分，促进开花结果，提升荔枝果的产量。

校园里的佛系生活

宿舍楼前的荷塘

学业压力大的时候，可以去迎新桥上看看莲和睡莲。

莲，是从水底生长出来的草本植物，不管水底的淤泥多么肮脏，不管湖中的水有多少污秽，莲叶出水时、花朵绽放时，也都是干干净净的。

在出泥前，莲的叶子会对折卷成筒状，紧贴叶柄，泥巴粘附不上。花蕾也是如此，出泥前有萼片包裹，层层紧抱，阻隔了泥巴的进入。

在显微镜下，可以看到莲叶表面有无数个微米级的蜡质乳突，具有极强的疏水性。洒在叶面上的水会自动聚集成水珠，水珠的滚动把落在叶面上的尘土污泥带走，

夏日里盛开的莲花

莲，又称荷花。莲、荷是同一种植物的不同名称。一亿三千五百万年以前，莲就生长在北半球的许多水域，是冰期以前的古老植物，和水杉、银杏一样，都是"植物活化石"。

莲叶自洁能力

莲叶上的水会自动聚集成水珠，水珠的滚动把落在叶面上的尘土污泥粘吸带离，使叶面始终保持干净。

使叶面始终保持干净，这就是"莲叶自洁效应"。

莲花清秀自净的特性在佛教中得到了升华："一如莲华，在泥不染，比法界真如，在世不为世污"，"一香、二净、三柔软、四可爱，比如四德，谓常、乐、我、净。"（《华严经》）

睡莲与莲是不同科的水生植物

莲的花和叶都高离水面，而睡莲的花和叶多半浮在水面上。区别睡莲与莲最容易的办法是看叶：莲的叶是完全封闭的圆形，睡莲的叶是不完全封闭的圆形，有个 V 字形缺口。

一朵莲花的水上和水下

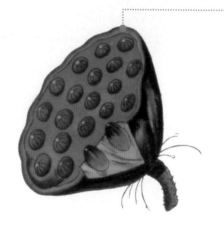

莲蓬

莲蓬又称莲房，是埋藏莲花雌蕊的倒圆锥状海绵质花托，花托表面具有多数散生蜂窝状孔洞，周边围绕着一圈雄蕊，授粉后逐渐膨大为莲蓬。每一孔洞内生有一枚小坚果，这就是莲子。

莲藕

莲鞭在水下生长，先端膨大形成了莲藕，横生在淤泥中，是人类已经享用了数千年的美食。

藕的横断面有许多粗细不一的孔道，是莲藕适应水中生活形成的气腔，这样的气腔在叶柄、花梗里都有。它们相互贯通，空气从叶片的气孔进入，通过茎和叶的通气组织，进入地下茎和根部的气室，整个通气网络通过气孔与外界交换空气，保证了莲的水下部分即使长在不含氧气或氧气缺乏的污泥中，也能有足够的氧气。

莲子

莲子长在莲蓬里，呈椭圆形，果皮是革质的，新鲜的时候绿色，熟透变为黑褐色。果皮剥开就是洁白的莲子，也就是莲花的种子。

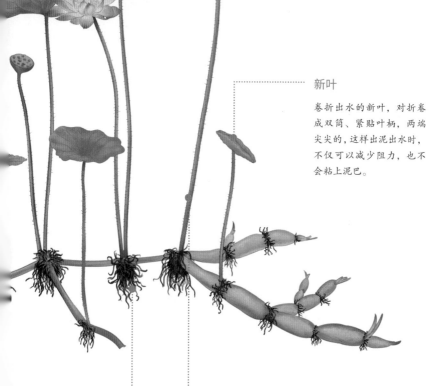

莲花

莲鞭上的分节向上抽出莲叶和莲花。每节只能长一片叶子和一朵花，莲花与立叶并生，不同种类的莲花有着不同的形态和颜色。

莲叶

莲叶宽大，像巨大的圆形盾牌，粗糙、满布短小钝刺的叶面有一层蜡质白粉，能让雨水凝成滚动的水珠。

新叶

卷折出水的新叶，对折卷成双筒、紧贴叶柄，两端尖尖的，这样出泥出水时，不仅可以减少阻力，也不会粘上泥巴。

莲鞭

莲藕顶端萌发新芽后，生长成地下茎，形状像鞭子，称为莲鞭。细长的莲鞭分许多节，每节都有像胡须一样的不定根。

叶柄

圆柱形的叶柄，最高能长到1—2米，粗壮、中空，是一株莲传递养分的通道，也是连接水下水上的生命线。

一丹图书馆前草坪上生长的乳白锥盖伞

蘑菇属于一种腐生真菌，体内并没有叶绿素的存在，不能直接在光照下进行光合作用。无叶无花无果，依靠孢子的传播繁衍种群。

大地的婴儿

　　夏日的校园里，草坪里、枯树上、道路两旁潮湿的土壤中，会看到各式各样的菌菇。

　　蘑菇是一种真菌，真菌是和动物与植物并列的一个生物类别。学者查尔斯·科瓦奇曾说："蘑菇，是大地的婴儿，柔顺地依附在大地之母身上。"

　　菌菇的一生，没有叶子，不会开花，更不会结果，它们躲在阴暗潮湿的角落里，像吃了就睡、醒了就吃的婴儿，天真混沌，连性别都没有——菌菇不靠精子和卵细胞来繁衍。那些比灰尘还细小的孢子，落在枯叶、老树或潮湿的地面上，就会长出细微的菌丝。从这个菌丝上又长出更多的菌丝，像一个成功的互联网络，菌丝不

世界上最大的蘑菇：巨大口蘑

2020 年秋，在南科大麻窝坑山丘（步道公园），发现了庞大的巨大口蘑。最大的一株（直径 30 厘米），比普通篮球（直径 24.6 厘米）还大。

断蔓延，编织成了一棵棵巨大的"树"。那些钻出地面的菌菇，就是这些地下盘根错节的"树"结出的"果实"。

菌菇，虽然天真混沌，依然是养分和能量持续流动的生态系统的一部分，也是生命互联网的一部分。

巨大口蘑

剧毒的蘑菇致命大青褶伞

随意采食野生蘑菇有极大的风险。蘑菇的毒性是为了保护种群的繁衍。蘑菇子实体承担着孕育散播孢子、繁衍种群的责任。拥有致命的毒素可以阻止动物取食，避免自己受到伤害。

雌雄体形悬殊

左下角是斑络新妇的雄蛛。斑络新妇是南科大校园常见的蜘蛛，也是体形最大的结网蜘蛛。其头胸部有人脸的图案。

登峰造极的"悍妇"

斑络新妇是南科大校园里常见的大型蜘蛛，形象狰狞。它们的头胸部有一个木偶人脸的图案，因此还有一个名字："人面蜘蛛"。

在斑络新妇巨大的网上，有时会看到一些个头细小的褐红色蜘蛛，它们是斑络新妇的雄蛛。雌性昆虫和蜘蛛的体格常常大于其雄性，但斑络新妇雌雄体形的差异超过 5 倍，是一个极端例子。

雄性斑络新妇不织网，不捕食，在雌蛛身边蹭吃蹭喝，生命的主要目的就是等待机会交配。一张 1—2 平方米的网上，只有一只雌蛛，却有许多雄蛛跃跃欲试，它们把精子传输到头胸前方的触肢，末端会膨大为触肢器。

"弹丝"求爱的斑络新妇

雌性斑络新妇（纯黑型）的右侧及右上方，有两只雄性斑络新妇跃跃欲试，等待交配的机会。雄蛛不断用前足拉动蛛网上的丝，向雌性发出求偶信息。雌蛛如果不答应，会对弹丝毫不理睬，如果表示允许，也会弹丝响应。得到雌蛛允许之前，雄蛛只能躲在一定距离外，不断弹丝发出求爱信息。

一旦时机到来，雄蛛就小心翼翼地爬到雌蛛身上，蚍蜉撼大树似的用触肢器把精子传送到雌蛛腹部的生殖孔。交配一完成，马上离开。

而雌蛛并不拒绝下一位、下下一位新郎的到来。有文献记录雌性斑络新妇会吃掉完成使命后的新郎，在深圳的观察中没有发现。

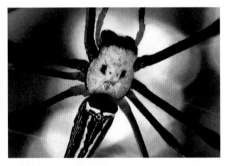

斑络新妇头胸部呆萌的木偶人脸

校园记录到的蜘蛛中，斑络新妇织成的网面积最大巨大的网像一个陷阱，可以捕获飞虫、蜻蜓、蝴蝶，甚至体格比蜘蛛自身大几十倍的鸟。

求偶中的斑腿泛树蛙

歌声中的婚礼

||||| 音频 |||||

斑腿泛树蛙的鸣叫

　　夏季的大沙河和湿地公园，彻夜回荡着蛙的鸣叫。

　　大部分蛙是独居者，只有在求偶的繁殖季，各种蛙才会聚集在近水的地方。几乎所有的蛙都在夜里举办"婚礼"，黑暗中，视力的作用极小，蛙的鸣叫在寻找配偶、完成交配的整个过程中起着至关重要的作用。

　　一开始，雄蛙并没有明确的追逐对象，它们先发出一声接一声的呼唤，在一片混乱、嘈杂甚至是轰鸣的叫声中，清晰地传递出自己征婚的信息：性别、位置，尤其是物种——这一点非常重要，夏日的夜晚，周围有许多种蛙正在同时举办婚礼，不同频率的叫声可以区分开种群，避免浪费时间和精力。

抱对产卵的斑腿泛树蛙

挑剔的雌蛙开始接近选中的雄蛙，选择的标准不是房车和存款，而是鸣叫的声音是否有力、持久、响亮。雄蛙竭尽全力的鸣叫其实蕴含着巨大的勇气，毕竟，传到很远的叫声同时也会招来天敌猎食。

　　两蛙相悦后，雄蛙的鸣叫会戛然而止。它爬到雌蛙的背上，用前肢圈围着雌蛙，这个温馨而浪漫的姿势被动物学家称为"抱对"。被雌蛙背在身上的雄蛙体格通常比雌蛙小。每个雄蛙都喜欢找膀大腰圆的伴侣——肥壮丰满

"王老五抢亲"

斑腿泛树蛙的雌雄比例悬殊，雄蛙之间抢夺配偶的竞争特别激烈。

意味着体内积攒的营养充足，能养育健康的下一代。

绝大部分蛙是体外排卵受精，蛙会尽量把卵产在水中或近水的地方，让蝌蚪孵化出来后直接在水中生活。

南科大校园里数量最多的毒蛇

白唇竹叶青是校园里最常见的毒蛇，毒性还不弱。它常常吊挂或攀绕在树枝或竹枝上，绿色的体色与环境融为一体，不容易被发现。弯曲的脖颈伸直后能延伸的距离，就是它能在瞬间突袭猎物的距离。

独特的感官

蛇的舌头分叉的末端最为敏感，蛇的舌头不断地伸出口腔外，就是通常说的吐信，是探测周遭环境的重要手段。

不受欢迎的"校友"

临水近山的校园里，偶尔有蛇出没。蛇是校园里的原住民，处在食物链较高的位置，它的食物主要是鸟、鼠、蜥蜴、蛙、小鱼、昆虫。校园里植被茂密，食物丰盛，蛇出现的概率也比较大。

蛇在中西文化中都是邪恶的代表，这与它的形象有关：身体细长，匍匐在地，没有耳朵，没有四肢，色彩奇异，没有可活动的眼睑，不会眨眼，眼神阴冷呆滞。最让人觉得恐怖的是，有一些蛇会通过尖牙分泌毒液。蛇与人是相互误解特别深的物种。蛇见到人后的惊恐、张皇，

隐身在荔枝林枯叶中的紫砂蛇

紫砂蛇微毒，对人威胁不大，却是猎杀蛙和蜥蜴的高手。

校园里人行道旁的防蛇网

长岭陂水库和校园隔离网间出现的无毒的台湾小头蛇

校园紧邻长岭陂水库、大沙河，水源充足，植被茂密，寄居着5种以上的蛇。

和人见到蛇后的紧张、惧怕，应该是相同的。

　　几乎所有的蛇类都不会主动攻击人类，只要人不主动触碰、踩踏或撩拨，无毒和有毒的蛇都不会咬人。

　　无论被什么样的蛇咬伤，都要尽快到医院治疗，并尽可能用手机拍到蛇的模样，方便医生判断治疗。深圳权威的蛇伤治疗处是深圳市中医院蛇伤治疗专科。

壁虎的眼睛

主要在夜间活动的壁虎对光线特别敏感。大多数壁虎没有眼睑，不能用眨眼睛来清洁眼睛，但会不时用舌头舔舐来清洁眼睛。

江湖传说的谬误

在中国古代，壁虎常常盘踞在宫殿大院的大门房梁上，又被称为"守宫"。

西晋张华的《博物志》里记载："以器养之（壁虎），食以朱砂，体尽赤。所食满七斤，治捣万杵，点女人肢体，终身不灭，唯房室事则灭，故号守宫。"此后，用"守宫砂"验证女子贞洁的谬论以讹传讹流行了上千年。甚至在当代大作家金庸的作品中，小龙女和纪晓芙都因为失贞导致守宫砂消失，引出许多江湖恩怨。

现代科学已经确凿地证明：这是一个谬传，壁虎和贞洁没有半点关联。

宿舍楼的管道上，中国壁虎在捕食安蝉

壁虎脚掌上覆盖着无数细毛，有强大的吸附力，可以让壁虎沿着垂直的墙壁攀爬，甚至在天花板上凌空倒悬。

断尾再生的中国壁虎

受到攻击和威胁时，壁虎剧烈地摆动身体，尾部肌肉强力收缩，尾椎骨在关节处发生断裂，尾巴迅速脱离身体。刚断下来的尾巴还会在地上颤动，这种舍卒保车的策略可以转移天敌视线，逃避敌害。断尾以后，自残面的伤口很快就会愈合，还会长出一条崭新的再生尾。

autumn

让枝头最后的果实饱满；

再给两天南方的好天气，

催它们成熟，把

最后的甘甜压进浓酒。

谁此时没有房子，就不必建造，

谁此时孤独，就永远孤独，

就醒来，读书，写长长的信，

在林荫路上不停地

徘徊。落叶纷飞。

——里尔克 《秋日》（北岛译）

红叶带来的好处

天气变凉的秋日，大花紫薇的叶子在掉落前变得鲜红。大花紫薇的果实并不鲜艳，叶子变色带来的好处是吸引食果动物的注意，帮助种子扩散。

秋日的校园

深圳的秋季，是一个性格不明显的过渡季节，和深圳的春季一样，大约是 76 天。

每年 10 月初，来自东北方的季候风渐渐加强，酷暑结束，人们终于可以关掉空调，打开窗户，在流畅的空气和自然的温度里入眠。到 12 月底，气温大幅下降，天气开始变得湿冷，秋天结束，冬日来临。

秋季的校园里永远不会遇到满目萧条、遍地黄叶的景象，野生和栽培植物照常碧绿，照常开花，照常结果，甚至会长出新的叶芽。

秋季最迷人的是，许多冬候鸟和过境鸟会飞临校园，它们在大沙河里觅食，在大马岭上鸣叫，在空旷的天空中翱翔，为校园带来了诗意。

教学楼前草坪上出现的金眶鸻

秋冬是投奔的季节。每年 9 月中旬后，开始有冬候鸟和过境鸟陆陆续续来到深圳。超过 20 种候鸟会出现在校园里。

南迁的动机

冬候鸟北红尾鸲以种子和昆虫为生，冬日的北方，这两样东西都变得稀缺，这是冬候鸟南迁的原因之一。

食堂边的"食堂"

学生食堂的门口，有一棵高大古老的细叶榕。

榕树是深圳数量最多的古树，被称为热带雨林里的"食堂"。它们传递给我们的信息是，在人类没有踏上深圳之前，覆盖这片土地的，就是亚热带雨林。

白头鹎

细叶榕一年结果 1 到 2 次，每当结果的时节，细叶榕像在举办一场流水席，接待着一批又一批食客——大大小小、形形色色的鸟儿。

　　盛情的款待背后隐藏着榕树的寄托，它希望鸟儿把没有消化的种子带到远方，让下一代在尽可能远的地方落地生根，繁衍种群。事实上，这样的寄托是靠谱的，毕竟，长着翅膀的鸟儿是活动空间最为宽广的脊椎动物。

红耳鹎（亚成鸟）

白喉红臀鹎

黑脸噪鹛

黑领椋鸟

学生食堂边的"食堂"：细叶榕

Notes of Landscape in SUSTech　南科大自然笔记

黑鸢的目光

黑鸢是高飞的猛禽，也是视觉敏锐，视线特别宽阔、辽远的飞鸟。它驾驭着上升的气流在空中优雅地盘旋。一双凶悍锐利的眼睛，能看到数百米以外的猎物。

更高，更远，更绚丽

在所有动物里，鸟的视觉特别锐利，特别灵敏。

我们人的眼睛长在头部前面，水平视野的最大范围在240度左右。鸟的眼睛长在头的两侧，拥有更为开阔的视野。在空中急速飞行的鸟，要搜寻食物，要防范天敌，还要定向安全着陆，眼睛在构造上能把晶状体迅速拉成扁平状或挤成圆形——像同时安装着长焦和微距镜头，既有望远镜又有显微镜，能迅速调节焦距。远至百米之外的翠青蛇，近到小小的昆虫，都可以看得一清二楚。

人和鸟的眼睛里都有光感受器——视杆细胞和视锥细胞，视杆细胞感知光线，视锥细胞感知颜色。一只领角鸮对光线的敏感度比人类高许多倍，也就是说，对人而言一片漆黑的环境里，领角鸮的目光却可以捕捉到一只逃窜的家鼠。

视锥细胞给人和鸟带来的是颜色的感知，人眼有三种类型的视锥细胞，最敏感的颜色是红、蓝、绿。而鸟眼拥有四种类型的视锥细胞，除了红、蓝、绿之外，它们对紫外光也很敏感。所以，鸟眼中的世界远比人类看到的绚丽多彩。

远东山雀

鸟眼依靠感应紫外光发现树缝里隐藏的昆虫。有些鸟在人看来不容易分辨雌雄个体，而鸟的眼睛洞察秋毫，绝对不会"错点鸳鸯"。

鸟眼里的宝物：瞬膜

这种透明的膜可以瞬间将鸟的眼球遮盖起来。夜鹭捕食时，挣扎的罗非鱼可能会伤到夜鹭的眼睛，防护镜一样的瞬膜就派上了用场。当鸟儿潜入水里时，闭合的瞬膜是一副游泳镜，可以让鸟儿在水里有清晰的视觉。

呼朋唤友的八哥

高山榕熟透了的果实吸引着成群结队的八哥。八哥学舌是一种条件反射，与智商无关。

会说"外语"的好处

八哥是校园里常见的留鸟。

在鸟儿中，八哥、鹦鹉的发声器官构造最完善。八哥和鹦鹉的鸣管上面的鸣肌很发达，空气通过鸣管，就可以发出节奏多变、音调丰富的叫声。

八哥能模仿其他鸟儿的鸣叫，也能模仿人说话，是因为它们聪明吗？并不是，如果是的话，动物中智商更高的猩猩、海豚和狗早已可以与人对话了。

八哥和鹦鹉学舌是一种条件反射，和智商没有太多关联，更类似于一种自我保护和获得利益的本能，模仿性质的鸣叫会给它们带来一些回报和好处。

木棉花上的八哥

因为通体漆黑，常常被人误认为乌鸦。成年八哥体长25厘米左右，只有乌鸦一半的大小，前额有一簇皇冠似的羽毛。两翅张开后显出两块白斑呈八字形，这就是八哥名称的由来。

寄居在桥下水泥洞里的八哥

八哥是特别适应都市生活的鸟儿。把巢穴建在水泥洞里，不仅安全舒适，而且坚固耐用。

黄花风铃木

当它是校园里的一棵树时，它还是什么？

它是降温的空调。在骄阳似火的夏日，我们为什么要躲在树下纳凉？为什么只要有成片的树木，周边的温度就会降下来？是因为每一棵树都在日夜进行蒸腾作用：树根从土壤里吸取水分，输送到树叶，通过叶面的微细气孔释放，水分在从液体转化为气体的过程中，吸收了周边的热量。

它是空气净化器。每棵树每时每刻都在运行着两大气体交换流程：光合作用，吸收二氧化碳，制造有机物质并释放氧气；呼吸作用，吸收氧气，分解制造的食物，并释放二氧化碳。在呼吸吞吐间，每棵树通过树叶的气

春天时，黄花风铃木并不像别的植物一样长出嫩叶，而是先开出满树的黄花。花期末，花叶会同时出现。

孔吸收气体污染物，净化着校园里的空气。

它是隔音墙、防护带和蓄水池。台风袭来时，林带在树高的范围内可减缓风速50％；每5米的林带可使噪声降低1—2分贝；1万平米的林地比裸露的地面多储水3000立方米。

大花紫薇

大花紫薇是非常经典的亚热带、热带观花植物。绿化植物不仅为人遮风挡雨，提供阴凉，还能长成人需要的高度和造型，愉悦人的视觉，按照人的意愿在不同的季节呈现不同的色彩。

大花紫薇的花朵硕大，色彩鲜艳，洋溢着旺盛的生命力

阳光下大花紫薇的叶子

秋冬之际，大花紫薇的叶子逐渐转黄、变红，是南科大校园里不多见的红叶植物。

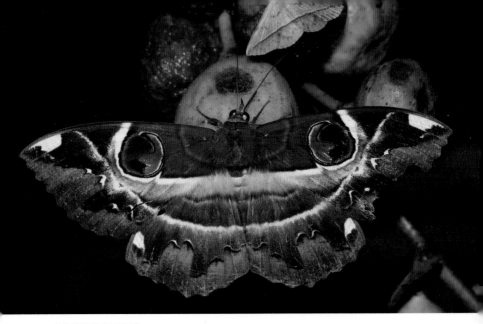

吸食榕果的魔目夜蛾

魔目夜蛾昼伏夜出，翅膀图案像魔鬼的脸孔，尤其是那双诡异的"大眼"和横贯的眼纹。

"追光者"的诗说、佛说和科学家说

　　在校园里，最容易遇到飞蛾的地方是路灯下。有时，宿舍里的灯光、手电筒光，甚至黑暗中的手机光也会引来大大小小的蛾子围绕着光柱舞动。

　　蛾为什么趋光？诗人说是为了追求光明，"不安其昧而乐其明，是犹夕蛾去暗赴灯而死"——不愿在黑暗的蒙昧中苟且偷生，宁愿在追逐光明中赴死。佛经里说是因为对爱欲的贪恋和痴迷："譬如飞蛾见火光，以爱火故而竞入，不知焰炷烧燃力，委命火中甘自焚"（《心地观经·离世间品第六》）。

　　对此，科学家提供了一种假说：千万年的演化后，

色彩粉嫩的圆端拟灯蛾

成语"灯蛾扑火"实际上不仅仅是说"灯蛾",大部分蛾都有趋光性。

正在产卵的优美苔蛾

蛾是完全变态的昆虫,一生会经过卵、幼虫、蛹、成虫四个阶段。雌性飞蛾通常把卵产在寄主植物上。毛虫孵化之后,寄主植物是它们的食物来源。

长着透明翅膀的黄体鹿蛾

鹿蛾有点像胡蜂,身体的灵敏和飞行速度比胡蜂差远了。

夜间活动的飞蛾拥有依靠月光和晨曦判定方向的本能,趋光的蛾把人造光错认为月光和晨曦。不同的是,月亮和太阳光源遥远,飞蛾只要和光源保持固定不变的角度,就可以朝确定的方向飞行。人造光却很近,飞蛾依照本能与光源保持着固定的角度飞行,只能绕着灯光团团转——这就是"飞蛾扑火"的真正原因。

人类对蝴蝶的了解和喜爱都远远比对蛾的要多。在东西方文化中,不约而同地认为蝴蝶是美丽、阳光、爱情的象征。而蛾从黑暗处、角落里飞出,是阴森、厄运的象征。事实上,无论是蛾还是蝴蝶,都是生态链里的一环,是生命舞台上的一个角色。

龙珠果的花

龙珠果的果实

龙珠果的种子

深藏在果实里的使命

  一株被子植物盛开的花朵里，雌蕊经过授粉后，子房开始发育，体积会增大到授粉前的 100—300 倍，它和花托、萼片一起，长成了新的植物器官——果实。

  果实，是植物奉献给人类，使人类得以延续生命、缔造文明的礼物。然而植物结出果实的真正目的并不只是为人类提供美味而富有营养的食物。地球上超过 20 万种植物的果实，日常为人提供营养的不足千分之一。果实真正的意义体现在果实里那些大大小小、形状各异的种子上。

  果实是孕育种子的母体，是呵护种子的铠甲，是运送种子的战车，是种子与动物协同演化的媒婆。果实与种子，是大自然里最精妙的组合，它们联合完成的使命只有一个——维持种群的繁殖生息。

黑领椋鸟享受笔管榕的馈赠

鸟儿垂青的大都是肉质的果实，例如浆果、核果及隐花果。有些鸟儿啄食植物的果实后，会将种子吐出；有些种子经过消化道后随意排泄。

栾树的果实

栾树的种子

16 号宿舍楼前结满果实的栾树

栾树又名灯笼树、摇钱树、国庆花，从名字就可以看出这种树的美丽。每年入秋，树上结满密密麻麻的蒴果，鹅黄、嫩青与粉红相间，像铃铛，又像灯笼。一树鲜艳的果实，常常被人误会是盛开的花。

苔藓植物喜欢阴暗潮湿、植被茂密的生境，有时甚至会附生在树干上

白日不到处，青春恰自来

苔藓，是校园里最低调的植物，也是最低等的高等植物，只有几厘米甚至几毫米高，不开花，不结果，用孢子把自己繁衍成仅次于被子植物的第二大植物类群。

苔藓，是地球上最早繁衍在大地上的陆生植物，是世界上吸水能力最强的植物，也是分布最广、适应性最强的植物之一，因此，苔藓还是监测空气污染程度的指示植物。

全球记录到的苔藓植物超过 18000 种，深圳有记录的苔藓植物超过 250 种——从大沙河的岸边，到湖畔公寓的墙根，从步行公园荔枝的树干，到实验楼的排水沟，都可以见到它俯伏而生的矮小身影。

"白日不到处，青春恰自来。苔花如米小，也学牡丹开。"（清代袁枚）只要细细探究这种绿地毯似的低矮植物，你也会发现别样的美丽。

泽藓

苔藓喜欢生长在半阴的环境中，但需要一定的散射光线，最适宜的是潮湿环境。

狭叶白发藓

苔藓是陆生高等植物中最原始、最简单的类群。本身没有支撑与输送营养的维管系统，但能通过毛细作用将水从地表吸起。

柔叶真藓

苔藓是一种微型的绿色植物，结构简单，仅包含茎和叶两部分，有时只有扁平的叶状体，没有真正的根。

织网蜘蛛中的"知识分子"

小悦目金蛛会在蛛网上用密集的丝线编织出白色的条带，看上去就像是英文字母N、M、W、X等，验证码式的排列让金蛛显得很有知识，但事实是：白色条带有强光反射，会吸引趋光的昆虫自动送上门，同时耀眼的图案也会吓退一些天敌。

蜘蛛的网络生活

电影《蜘蛛侠》中，主角从前掌喷出蛛丝，纵横天下。现实中，蜘蛛的造丝功能全在后腿和丝囊中，靠着这个随身携带的纺器，它们可以搭建房屋，制造陷阱，编出绞索，纺织卵囊……

已经把飞船送向太空的人类，至今都没有完全研究清楚，一只蜘蛛，是如何把液态的水溶性的蛋白质，转化为不可溶的坚韧的丝线。为什么蜘蛛生活在又细又密又黏的网中，自己却不会被网粘住？为什么纤细而轻巧的蛛丝可以如此强悍？——如果把钢丝拉到和蛛

躲在漏斗网中的猴马蛛

狼蛛科基本都是游猎蜘蛛，但也有像猴马蛛这样的蜘蛛会编织漏斗形网。猴马蛛在网里灵活进出，如果猎物掉进网中，它就会快速出击。

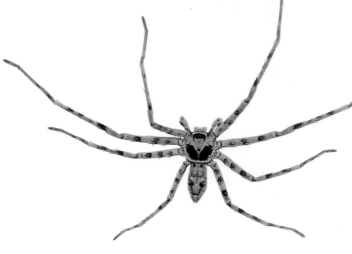

丝同样直径，蛛丝的强度、张力和韧性可以媲美钢丝。

　　与哺乳动物、鸟类不同，绝大多数年幼的蜘蛛从卵中破壳而出后，不大与它们的双亲接触，几乎都不认得自己的父母。有些蜘蛛还会尽量回避父母，以免成为它们的腹中之物。它们孤独地成长，没有任何老师教它们如何织网，可到了一定年龄，它们照样懂得织出一张完美的蛛网。

　　科学家们正在深度研究蜘蛛和蛛丝，希望从中获得知识和灵感，用于人类的建筑和工业技术。

不结网的居家益友白额巨蟹蛛

模样有点狰狞的白额巨蟹蛛对人有益无害，它们昼伏夜出，喜欢捕食屋里的蟑螂。

强悍生存的策略

白花鬼针草有强大的适应力，一年四季开放

停车场水泥缝隙里生长的白花鬼针草

一片地面被挖掘毁损后，首先生长出来的植物大多是白花鬼针草。白花鬼针草一年四季盛开的花，是许多昆虫的蜜源，多样的食客也为白花鬼针草广传花粉。

尽管园艺工人在辛勤地清理，一些外来植物还是见缝插针地生长在校园的各个角落。其中最强悍的就是植物里的"小强"——白花鬼针草。

白花鬼针草并不是深圳的本土植物，是近50年内迁入深圳的外来植物。

一株白花鬼针草可产生3000—6000粒种子，每粒种子在3—5年内都有发芽能力。种子不需要休眠期，落地就可萌发，产生新一代家族。白花鬼针草还可以无性繁殖。从成熟的茎秆上切下一段，插入土中，就可以生根，

采食白花鬼针草花蜜的弄蝶

白花鬼针草黄色的小花是筒状花，看起来宛如花蕊。菊科植物这样开花是一种策略，集中开放较小的花，既节省能量，又可以提高结果率。

白花鬼针草长着倒刺的种子

粘在衣物毛发上让人和动物携带传播，要比结出甜美多汁的果实引诱动物节省能量。

形成新的植株。

　　白花鬼针草结出来的瘦果顶端长有倒刺状的刚毛，只要有动物和人经过，立刻贴附上去，动物走多远，就会把种子带到多远。

　　白花鬼针草还是辣手的"夺命毒师"，可以释放有害的化感物质，抑制邻近的其他植物生长，一家独大。

　　"小强"般的适应力和强势的传播手段，让白花鬼针草在校园里无孔不入地四下蔓延。

南方有乔木

"南有乔木，不可休思。汉有游女，不可求思。"

——《诗经·国风·周南·汉广》

教学楼前盛开的木芙蓉

木芙蓉的花朵

木芙蓉是中国原生的小乔木。因为光照强度不同引起花瓣内花青素浓度的变化，一棵木芙蓉树上会开出呈现白色、浅红色、深红色三色的花朵，被称为"三醉芙蓉"。

鸡冠刺桐

盛开的鸡冠刺桐花序好似一串熟透了的火红辣椒。

鸡蛋花

淡雅的鸡蛋花，
花语是"平和
与友好"

异叶地锦就是通
常说的爬山虎，
是常见的墙面绿
化植物

异叶地锦

和校园里大部
分绿化植物不
一样，朱槿原
产中国，在古
代就是受欢迎
的观赏植物

朱槿

林鸟与草地鸟观察

红耳鹎

红耳鹎在生境选择上没有那么挑剔，林地、灌木丛、草坪、街道两旁的绿化带，都是它们流连的地方。有些红耳鹎甚至会到楼房的阳台上筑巢育儿。

草坪上捕食的树麻雀

麻雀是与人类伴生的鸟类，它追随着人而生存，在深圳无人居住的山野里，很少见到麻雀。这种在日常环境中处处可见的鸟儿灵动、嘈杂、机警，喜欢成群结队地出现在校园。

黑脸噪鹛

黑脸噪鹛算得上校园最不怕人的鸟，常成群结队地在草地上觅食。

赤红山椒鸟是校园里色彩最浓艳的
鸟之一

它们在树冠层活动，频繁从一棵树
飞向另一树，可以在飞翔中捕食。

斑文鸟

斑文鸟的外形有点像麻雀，成群结
队聚集在灌木和草丛中，吃草籽和
植物的果实。

黑领椋鸟

校园里最常见的鸟之一，在草地和树丛
中觅食。春季，在高大的行道树上，可
以见到它们用树枝搭建的巢穴。

水鸟观察

校园里的大沙河和溪流公园是水鸟寄居流连的地方。水鸟是生活在水边、水面和滨水湿地的鸟儿，包括游禽和涉禽，南科大记录到的水鸟超过 20 种。

矶鹬

冬候鸟，每年 10 月至次年 3 月出现在校园。飞翔速度极快，站立时不住地点头、摆尾。

白胸翡翠

翠鸟头部和两翼的蓝色羽毛泛着迷人的金属光泽，正是这样的美丽给它们带来灭顶之灾。中国传统首饰的"点翠"工艺，把翠鸟的羽毛镶嵌到首饰上。为了保证颜色的鲜艳华丽，羽毛必须从活的翠鸟身上拔取，一套设计繁复的头饰，意味着数十只甚至上百只翠鸟的死亡。

冬候鸟普通鸬鹚

冬日的大沙河，常常会看到普通鸬鹚晒翅膀。它们是潜水和捕鱼的高手，但缺少一种大部分水鸟都有的宝贝——尾脂腺，羽毛的防水性比较差，潜水出来后，就要张开双翼，晾晒翅膀。

斑鱼狗

斑鱼狗可以悬飞在水面上空，发现水中的猎物后急速俯冲，迅速调整因为光线在水中折射造成的视角反差，捕获猎物。

校园里最常见的留鸟：小白鹭

典型的特征是一双长腿下长着黄色的脚趾。

白胸苦恶鸟

栖息在大沙河河边的芦苇或杂草丛中。

winter

活在这珍贵的人间

泥土高溅

扑打面颊

活在这珍贵的人间

人类和植物一样幸福

爱情和雨水一样幸福

——海子 《活在这珍贵的人间》

享用乌桕果实的八哥

冬日里的补给：在昆虫数量急剧下降的季节里，一些挂在枝头的野果是鸟的食粮。

校园的冬日

冬季是深圳最短的季节，平均只有 22 天。因为全球气候变暖和都市热岛效应，深圳冬季的天数在有的年头还会更少，有些年头因为温度居高不下，甚至完全没有了冬天。

每年，来自西伯利亚和华北的冷空气会给 1 月和 2 月的深圳带来全年最低温度。所以，每年喜庆的春节期间，放寒假的日子，常常是校园里最寒冷的时候。

好在，不下雪、不结冰的冬天是如此地短暂，春天很快就要来了。草木春日发芽，花朵夏日盛放，候鸟秋天迁徙，昆虫冬日蛰伏，校园里所有与我们相随相伴的生命，顺应日月的更替和四季的轮回，生生不息，延绵不竭。

应时而变的小眉眼蝶

冬日少雨，草木枯黄，小眉眼蝶也会应时而变，眼斑消失，变成接近枯叶的模样，便于伪装，逃避天敌。

夏日的小眉眼蝶，色彩斑斓，吸引异性

麻坑窝山坡上盛开的千里光

在深圳，有一些乡土野花，比如吊钟花、大头茶，只在秋冬温度最低的时节开花。

夏候鸟家燕

对大部分候鸟来说，深圳已是温暖的觅食地，但对极少数候鸟来说，秋冬的深圳仍然不是理想的家。它们要飞到四季如夏的东南亚越冬，在春夏季飞回深圳，筑巢安家、生儿育女。这些就是夏候鸟。

迁徙的史诗

在我们的校园里，能观察到的候鸟接近 30 种。

每年，一到 9 月、10 月，在遥远的北方，最远至 3000 多公里之外的西伯利亚，一些鸟儿就开始变得焦躁不安，它们失眠、鸣叫，在黑夜里变得特别活跃，并不断向着迁徙的方向试飞。进入迁移性焦躁的鸟儿就像春节前张罗着买票准备回家的游子。当气候、日照、风向、风速都合适时，这些鸟儿就开始一路向南迁移，有些途经深圳，有些终点就是深圳——这些冬天由北方来到深圳过冬的候鸟属于冬候鸟。

在深圳，每年来来往往的冬候鸟和夏候鸟接近 200 种，它们随着季节变化定期进行有规律的、方向明确的长途迁徙。它们最北来自西伯利亚、阿拉斯加，最南则是新西兰、澳大利亚。有一些候鸟，迁徙的路途纵贯欧亚大陆、南北半球。

鸟儿为什么要迁徙？是为了发掘不同或更适合的栖息地，是为了找寻更多的食物来源，是为养育后代创造更合适的条件……法国导演雅克·贝汉在他风靡全球的作品《迁徙的鸟》中说："鸟的迁徙是一个关于承诺的故事，一种对于回归的承诺。它们的旅程千里迢迢，危机重重，只为一个目的：生存。候鸟的迁移是为生命而战。"

雌性北红尾鸲

过境的雄性北红尾鸲

有一些候鸟，秋季时南迁，春季时北返，南北迁徙途中会在深圳短暂停留，休息补充体力后继续上路，这是春秋季过境迁徙鸟。

2020 年 4 月在南科大校园里记录到的过境鸟栗苇鳽

候鸟的比例占深圳野生雀鸟种类的 75%，留鸟的比例接近 25%。留鸟的种类虽少，数量却远远超过候鸟。

流连在棒球场四周的雌性东亚石鵖

Notes of Landscape in SUSTech 南科大自然笔记

完美的俯冲和定位

池鹭发现猎物后，收起双翅，减少浮力，向目标急速俯冲。接近猎物时，池鹭需要把速度减下来，此时的翅膀犹如飞机降落时机翼打开的减速板，利用穿过羽翼的气流，即可调节速度，准确定位，将猎物嘴到擒来。

飞翔带来的宽广

在脊椎动物里，飞翔给予了鸟最为宽广的生存空间和最为自由的行动方式。

在漫长的岁月里，所有的生命都在竭尽全力地演化，让种族在这个严酷的世界里胜出。在这场"装备竞赛"中，鸟儿们采取了一系列适应飞翔的策略：舍弃了膀胱，尿液和粪便的混合物由泄殖腔一起排泄——我们见识过鸟儿这种稀汤式的"礼物"；肝脏缩小到只占体重最小的比例；牙齿和上下颚也省略掉，用轻一些的角质化嘴巴取代；小小的心脏比人的心脏跳动速度快几倍到几十倍；

优雅从容的飞行者

苍鹭起飞时，双腿弯曲蹲伏，向上一跃，同时扇动双翅，身躯慢慢离开地面。尽管翅膀扇动得从容舒缓，依然能将苍鹭庞大的身体带向天空。

黑鸢，驾驭气流的高手

在校园的高空，常常能看到盘旋的猛禽。盘旋实际上就是热力飞翔，鹰、雕这类翼面与尾羽宽大的飞鸟，能聪明地利用地面上升的热气流，推动自己的身体冉冉上升。当热气流随着高度增加逐渐冷却时，它们便滑降到另一个上升的热气流，几乎不用扇动翅膀就能继续飞行。

绝大多数鸟儿的生殖器官仅在繁殖期间膨大，非繁殖期几乎不可见；鸟类的骨骼中空，细薄而轻巧，只占体重的 5% 左右，而人的骨骼重量大约占体重的 18%。

　　大自然的规则永恒而公平，鸟儿用这些牺牲换来了在天空中翱翔的能力，依靠翅膀投靠了天空。有些鸟儿发展出了卓越的飞行能力，可以长距离迁徙，从寒冷的地方一路飞往温暖的地方越冬。每年的 10 月到次年 4 月，深圳都会迎来浩浩荡荡的候鸟大军，它们最北的来自西伯利亚荒原，最南来自新西兰海域。有些过客会溜达到南科大美丽的校园里。

"鸡尾酒会效应"

　　黎明和黄昏时分，校园里会回荡起鸟儿的合唱。在喧哗嘈杂的声浪中，鸟儿可以分辨出自己种群的声音，亲鸟可以分辨出自己孩子的叫声，雌鸟能分辨出自己中意的雄鸟的叫声。

　　鸟儿们能在喧闹中过滤无关的杂音，清晰地分辨出特定的鸣叫，这种能力被称为"鸡尾酒会效应"。就像在热闹的鸡尾酒会上，许多人同时说话，餐具碰撞，音乐鸣奏，我们依然有能力捕捉到自己希望听到的声音。

聚集在树林里的黑领椋鸟和八哥

依照人的审美，这两种鸣禽的嗓音都是有些沙哑的烟熏嗓。

‖‖ 音频 ‖‖
众鸟嘈杂的鸣叫

成群结队飞过校园的黑领椋鸟

‖‖ 音频 ‖‖
黑领椋鸟的鸣叫

笔管榕树上呼朋唤友的黑领椋鸟

校园里盛开的红花羊蹄甲

树形优美、四季开花的红花羊蹄甲，已是深港两地最常见的绿化树。

大历史里的红花羊蹄甲

1880 年前后，几位法国神父在中国香港薄扶林海边发现了一种开着红色花朵的美丽乔木，花朵手掌一般大，5 个花瓣中 4 瓣两两相对，另一瓣则翘首于上方，形如兰花。有心的神父发现这种植物只开花不结果，就用插枝法移植到修道院和植物园里。

随后，这种植物被送到英国邱园植物标本馆鉴定，发现是一个新种。帝国殖民时期的植物学家给这个新发现的植物定名，将其献给了当时的港督亨利·阿瑟·卜力爵士（Henry Arthur Blake）。香港人通常称它为"洋紫荆""紫荆花"。

1965 年，红花羊蹄甲正式被定为香港市花，1997 年，香港回归祖国后，继续采纳紫荆花图案作为区徽、区旗、

红花羊蹄甲，中国香港称为"洋紫荆"

政府部门的标志以及设计的硬币元素。

如今，树形优美、四季开花的红花羊蹄甲，已是深港两地最常见的绿化树。有趣的是，红花羊蹄甲只开花，不结果，无法通过种子繁衍，只能采用人工插枝的无性繁殖法。所以，遍布深港两地的红花羊蹄甲事实上都是一百多年前薄扶林海边那株植物的后代。

中华人民共和国香港特别行政区区旗的"紫荆花"图案

中华人民共和国香港特别行政区区徽中的"紫荆花"图案

蓝色的假连翘　　　　　紫蓝色的毛麝香

校园里的调色板

　　盛开的花朵，一年四季装点着南科大的校园。

　　植物花朵的色彩，几乎涵盖了人类视力所及的整个色谱。也就是说，人类在这个世界上肉眼所能看到的单一颜色或组合颜色，花朵基本都可以呈现。花朵的颜色源于花的色素、细胞结构和光的折射。不同植物花朵的颜色不一样，有时，同一种植物生长在不同环境下开的花，甚至一种花在不同的生长时期，也会有不同的颜色。

　　人类赋予了花特别多的含义：爱情、敬意、怀念，等等。只是，花朵竭尽全力的美丽并不是为了满足人类，它们千变万化的色彩是为了吸引传粉者。花粉是植物繁殖必不可少的要素。许多花不会自花授粉，它们需要动物将花粉从一朵花转移到另一朵花上，这样才能生出种子。

　　花朵招摇、开放和充满心机的形态，花色花香风情万种的吸引，以及传粉者啜吸花蜜、带走花粉的奔忙，共同编织出校园多样的美丽。

软枝黄蝉的黄色花朵

红色的木棉花

白色的白兰花

Notes of Landscape in SUSTech 南科大自然笔记

橙红色的金凤花

全异巨首蚁的工蚁合力运送捕获的荔枝蝽

在一些种类的蚂蚁群中，工蚁、兵蚁体格相差近 10 倍。

微小的"超级生命体"

　　如果真有方法做统计的话，居住在南科大 9 座山岭里的蚂蚁，数量可能是校园师生总人数的数百甚至上千倍。

　　蚂蚁是演化得非常成功的社会性昆虫，也是校园里除人之外组织性和社会性最强的动物，它们和人类相似的地方有 3 个：群体成员能相互合作照顾下一代，后代能在一段时间里照顾上一代，成员具有明确的分工。

　　与人不同的是，个体的蚂蚁完全服务于蚁群的利益。人是经过选择、培训、知识的积累产生分工，蚂蚁只是按照基因写下的格式做自己该做的事情：蚁后专职生殖，雄蚁专职交配，工蚁专职劳作，兵蚁专职战斗。

　　这样，无数个微小的蚂蚁凝聚成了一个"超级生命

"放牧"蚜虫的尼科巴弓背蚁

蚜虫吸食植物的液汁，排泄出黏稠透明的甜液——蜜露，这是蚂蚁极度喜爱的"奶汁"。蚂蚁会守护这些蚜虫不受瓢虫或其他捕食者的伤害，并不时用触角刺激蚜虫的腹部，让它们持续分泌"蜜露"，犹如牧民饲养奶牛。

猎镰猛蚁，中国最有型的蚂蚁

猎镰猛蚁正带着战利品——某种虫子的一条大腿——返回巢穴。猎镰猛蚁算得上是"蚂蚁中的战斗机"，智力高，能跳跃，是少有的用视觉捕猎的蚂蚁。它们有着大大的眼睛、刚劲的长齿、修长的身材和细细的腰身。

黄猄蚁捕食尺蠖

黄猄蚁生性凶猛，能搬动比自身重几倍的食物，擅长合作捕食昆虫。公元前304年，中国就有利用黄猄蚁防治柑橘树害虫的文字记载。

体"，不同分工的成员只代表这个"超级生命体"的某个功能——这个"超级生命体"是亿万年里由自然选择的力量塑造而成的。

成千上万只黄猄蚁分工明确、井然有序，建造出巨大的树叶巢——相当于盖起了比其体长高数百倍的大楼

黄猄蚁的摩天大楼

蚂蚁是深圳除人之外社会性和组织性最强的动物，它们还有一点和人非常相似——喜欢盖房子。

被称为"筑巢蚁"的黄猄蚁展现出惊人的团队合作能力。这些体长不过 1 厘米的建筑师，实现了不用图纸的工程、零排放无噪声的施工、无污染可分解的房屋。

大部分昆虫一生大多在形单影只、风餐露宿的状态下度过。植物的叶子、树干的皱褶、石头的缝隙，都可能是它们的安身之处。

也有一些昆虫，尤其是有群居习惯的社会性昆虫，会发挥它们的设计与建筑才华，为自己和同伴建造一个家——这是昆虫中的"有房一族"。这些"建筑"有庇护、隐藏、保温和保湿的功能，材料取自周边环境，包括木屑、枯叶、泥土，有时会加上自己的分泌物，在废弃不用后，会毫无痕迹地分解。

昆虫在自己的住房上显现了巨大的才华，我们或许可以拜它们为师，学它们善用天然材料，顺应自然，满足自身的基本需求。

"建筑师们"首先要一起把树
叶拖拽在一起,一只蚂蚁的身
体太短小了,它们合力把相邻
的树叶拉近。

一些工蚁会用上颚和长腿,按
照蚁巢的大致形状将叶片固定
起来。

另一群工蚁会小心翼翼地使用
活体"缝纫机"将叶片缝合,
所谓的"缝纫机"实际上是黄
猄蚁的幼虫。工蚁钳着幼虫在
叶片上来回穿梭,幼虫则乖乖
地从嘴下的腺体分泌丝线,将
一片片树叶粘连在一起。

亦敌亦友的黄猄蚁
在鹅掌柴树上筑巢的黄猄蚁将
整棵树视为自己的领地,驱赶
并猎食伤害树木的其他昆虫。

菜粉蝶的眼神

菜粉蝶的复眼由5000多个小眼组成，对绿光和蓝光特别敏感。它们通过颜色判别食物和配偶——人类的肉眼看不到雌雄菜粉蝶白色外表下对紫外光的不同反射，但它们可以。

爱拼才会赢

即使在一年中最冷的日子，校园里也能见到菜粉蝶的身影。科学家的研究发现，这种色彩并不丰富、飞行迟缓的"菜"蝶，在繁衍大事上，有着"大自然的魔术"。

在百转千回地追求并取得雌性的认可后，交尾的雄性菜粉蝶会往雌性的身体里输送一个复杂而丰富的"精子包"。这个洞房花烛夜的礼物包含着雄性菜粉蝶为配偶提供的营养物质。这样诚心诚意的付出代价巨大——送给雌性的"精子包"占雄性菜粉蝶体重的13%左右。如果拿人类做比较，相当于一次恩爱要流失超过15斤以上的体重。

雄性菜粉蝶一生中会交尾两到三次，为了保证"精子包"的正常生长，一些年老体衰的雄性菜粉蝶会消化掉自己的内脏来供养足够分量的"精子包"，在生命结束前完成最后的交尾。

　　正是因为每一个物种都竭尽全力把自己的基因传递下去，才演化出那么繁复精妙的求偶方式，生命才会如此丰富多样。

郎有情，妾无意

在马缨丹花中觅食的是雌性菜粉蝶，它张开翅膀，翘起腹部，是拒绝交尾的姿势。

东方菜粉蝶

雄性菜粉蝶通过后翅上的鳞片反射紫外光求偶。

正在水浴的暗绿绣眼鸟

陆地生活的鸟通常只是打湿体表的羽毛，并不会浸透，所以喜欢在浅一些的水池和流速慢一些的溪流中洗浴。

不爱洗澡的鸟不是好鸟

鸟，是最爱洗澡的动物之一。

大部分鸟儿用水洗澡，也有鸟儿用沙子洗澡。水浴、沙浴和日光浴可以维护羽毛，洗净污垢，清除虫螨。

鸟儿洗澡大多选在水质清澈、隐匿僻静的地方。羽毛弄湿后，鸟儿飞行能力会变弱，此时如果天敌出现，更容易受到伤害，所以，洗澡时鸟儿格外警惕。

洗干净的鸟儿也格外精神、好看。如果一只鸟连自己的羽毛都不清洗护理，那一定是身体出了状况。

冬候鸟矶鹬在洗澡

校园里的溪流花园僻静处是鸟儿喜欢洗澡的地方

羽毛污浊的小白鹭
如果一只鸟连自己的羽毛都不清洗护理，那一定是身体出了状况。

accessory

从校园出发:
南科大周边的自然研习步道

附

一

校园 4 号门与 3 号门之间的大沙河

大沙河生态长廊是深圳市中心最长的滨水慢行步道。从上游长岭陂水库到深圳湾入海口，串联了商业中心、山岭、水库、公园、入海口多种生态系。景象多变，物种丰富。

从校园出发：
大沙河生态长廊

南科大 1 号门—大沙河生态
长廊—大沙河入海口
长度： 13KM
海拔： 40M
难度： ★★☆☆☆

穿过校园的大沙河生态长廊是位于繁华都市中心区的淡水河，全长 13.7 公里，连接阳台山、塘朗山、长岭陂水库和深圳湾。

每一条河流都是有生命的，有生命的河流一定有故事。它的剧情，犹如一个绵长的连续剧，穿过大地，倒映着天空，关联着大大小小的生命，蕴含在每一滴水中。

大沙河故事的开端，是阳台山里汩汩冒出的泉眼，泉眼里涌出的水甘甜、清凉，在山谷里汇成涓涓溪流。大沙河的中段，河道逐渐开阔，汇入的溪流增多，水量逐渐增大，流速开始舒缓。与此同时，河流的剧情因为人类的介入发生巨变：人们在这里修建水库、开垦农田、培育果园，在河道上行船，沿河修建道路与高楼。

起点:
南科大1号门

深圳大学城

大沙河公园

深南大道

终点:
大沙河入海口

大沙河的入海口深圳湾

咸淡水交汇的入海口是生物最丰富的地带,深圳湾拥有福田红树林和米埔两个国家级自然保护区,是华南冬候鸟的重要聚集地。

在近水植物苏里南莎草上歇息的狭腹灰蜻

每一条河流从源头开始,构建了一个流动、复合的生态系统,它连接着上游和下游、池塘与水库、大地和海洋,聚集了与水息息相关的动物和植物,养育着千千万万的生命。

大沙河故事的终点在深圳湾入海口。河流汇入海洋的地方,是深圳最早的远古人类活动地,是现代都市经济产出最高、人类活动最密集的核心带,也是南来北往的众多生物的栖息地。

围绕着大沙河,万物生长,故事漫长。

大沙河入海口漫天飞舞的冬候鸟反嘴鹬

在河水与海水的汇合处,红树林、潮间带、泥潭、沙地、芦苇荡、海草床里生活着不同的生物群落。

反嘴鹬

南科大校园位于塘朗山脚下

塘朗山的大部分区域被划入了生态保护线以内，并被列为郊野公园，这里生活着丰富多样的生命。

从校园出发：
塘朗山方舟步道

南科大 1 号门—塘朗山主峰—梅林山郊野径入口
长度：12KM
海拔：450M
难度：★★★☆☆

俯瞰深圳市中心，一条延绵的山脉从南科大东侧的红花岭出发，穿过整个中国人口最密集、地均产出经济价值最高的南山区和福田区，在北环大道和银湖山、鸡公岭相连，横陈在高楼林立的罗湖区北侧，延伸到深圳水库后与梧桐山会合。

这条近 16 公里长的山脉，犹如深圳市中心的一艘绿色方舟，漂浮在钢筋水泥、玻璃幕墙、纵横的道路之上。在这艘方舟上，装载着上亿个生命体——1000 多种植物、2000 多种昆虫、上百种鸟儿、数十

塘朗山上的野生猕猴

猕猴是深圳境内除人类之外唯一的灵长类动物。我们人类是演化程度最高的灵长类，猕猴的基因与人类的基因相似度为97.5%。猕猴生理上与人类接近，已成为医学、生物学、心理学研究中主要的实验动物。

安放在塘朗山的红外相机拍到的豹猫

中国有12种野生猫科动物，生活在深圳的只有1种——豹猫。豹猫这样的食肉类哺乳动物处于食物链较高的等级，是衡量生态指标的关键物种。

结出了果实的仙湖苏铁

仙湖苏铁是以深圳地名命名的珍稀植物之一。苏铁科植物是世界上最古老的种子植物，被植物学家称为"植物活化石"。塘朗山上曾经分布着世界上最大的野生仙湖苏铁种群。

种两爬和哺乳类动物……

塘朗山脉曾经是特区与非特区的分界线，边防巡逻道穿插其中，校园里的二线关路，早年就是特区管理线巡逻道。相对的封闭，给多样的生命留下了栖息地。山脉的大部分区域被划入了生态保护线以内，并被列为郊野公园。

行走塘朗山，是领略自然风光、俯瞰都市景象、观察记录野生动植物的好选择。

起点：
南科大1号门

南坪快速
桥底

梅林绿道
涂鸦墙

大脑壳

梅林山
郊野径
梅坳入口

终点：
深圳燃气集团公司

校园里的二线关路

路名蕴含着丰富的特区历史信息。道路南侧的无名山，生长着丰盛的乡土野生植物与果树。

从校园出发：
梅林二线关绿道

南科大3号门—梅林绿道— 梅林文体中心
长度： 11KM
海拔： 115M
难度： ★★☆☆☆

校园里的二线关路曾经是深圳经济特区管理线的一部分。

1985年2月，一面长84.6公里、高2.8米的铁丝网从深圳中部横穿而过，沿途共有90多公里的武警巡逻路，163个武警执勤岗楼，10个检查站。这就是深圳经济特区管理线，俗称"二线"。

主权国家在其国土内部，在自己的城市中心，再设置一道戒备森严、岗楼林立的边防线，不仅当时在国内绝无仅有，在国际上也极为少见，一度被称为"中国柏林墙"。

2010年7月1日，也就是南科大建校那一年，深圳特区面积从391.71平方公里扩大到1997平方公里，进入"大特区时代"，边防线的功能彻底废除。

起点：
南科大5号门

南科大3号门

二线关巡逻道

梅林绿道
涂鸦墙

梅林绿道
景观台

梅林水库大坝

终点：
梅林文体中心

在深圳2000多公里长的绿道中，从"二线"巡逻道转变而来的梅林绿道已是省立绿道二号线的组成部分。多年的戒备和隔离，让"二线"巡逻道的两侧留下了相对良好的生境。沿线景观丰富，物种多样，让这条绿道成为记载深圳本土历史与自然风貌的博物长廊。

梅林绿道两侧出没的野猪

野猪生存能力特别强，在深圳，其他大型野生动物急剧减少，华南虎、云豹、赤麂等大型哺乳动物都已经消失了，野猪依然顽强地出没在城市中心的丛林里。

夜幕下，绿道遗留的"二线"铁丝网上正在交尾的报喜斑粉蝶

白日里，川流不息的徒步者是梅林绿道的主角；深夜里，形态各异的夜行性动物是梅林绿道的主角。

穿越山水的梅林绿道

梅林绿道穿过的山岭，由丛林、草地、岩石、水库、溪流构成。在深圳，和平原相比，山岭是受人类干扰更少的陆地生态系统。

accessory

南科大常见
物种图鉴

南科大常见植物图鉴（花色篇）

白 色

白千层 白
Melaleuca cajuputi Subsp. *cumingiana*
被子植物门 桃金娘科 白千层属

蒲桃 白
Syzygium jambos
被子植物门 桃金娘科 蒲桃属

线柱兰 白
Zeuxine strateumatica
被子植物门 兰科 线柱兰属

毛果杜英 白
Elaeocarpus rugosus
被子植物门 杜英科 杜英属

水石榕 白
Elaeocarpus hainanensis
被子植物门 杜英科 杜英属

阴香 白
Cinnamomum burmannii
被子植物门 樟科 樟属

银合欢 ⑤
Leucaena leucocephala
被子植物门 豆科 银合欢属

糖胶树 ⑤
Alstonia scholaris
被子植物门 夹竹桃科 鸡骨常山属

鸡蛋花 ⑤
Plumeria rubra "Acutifolia"
被子植物门 夹竹桃科 鸡蛋花属

铁冬青 ⑤
Ilex rotunda
被子植物门 冬青科 冬青属

九里香 ⑤
Murraya exotica
被子植物门 芸香科 九里香属

野漆 ⑤
Toxicodendron Succedaneum
被子植物门 漆树科 漆树属

石斑木 ⑤
Rhaphiolepis indica
被子植物门 蔷薇科 石斑木属

鬼针草 ⑤
Bidens pilosa
被子植物门 菊科 鬼针草属

长隔木 橙
Hamelia patens
被子植物门 茜草科 长隔木属

龙船花 橙
Ixora chinensis
被子植物门 茜草科 龙船花属

马缨丹 橙
Lantana camara
被子植物门 马鞭草科 马缨丹属

射干 橙
Iris domestica (Belamcanda chinensis)
被子植物门 鸢尾科 鸢尾属

炮仗花 橙
Pyrostegia venusta
被子植物门 紫葳科 炮仗藤属

马利筋 橙
Asclepias curassavica
被子植物门 夹竹桃科 马利筋属

洋金凤 橙
Caesalpinia pulcherrima
被子植物门 豆科 云实属

朱顶红 橙
Hippeastrum rutilum
被子植物门 石蒜科 朱顶红属

红 色

火焰树 红
Spathodea campanulata
被子植物门 紫葳科 火焰树属

鸡冠刺桐 红
Erythrina crista-galli
被子植物门 豆科 刺桐属

吊灯树 红
Kigelia africana
被子植物门 紫葳科 吊灯树属

凤凰木 红
Delonix regia
被子植物门 豆科 凤凰木属

木棉 红
Bombax ceiba
被子植物门 锦葵科 木棉属

垂枝红千层 红
Callistemon viminalis
被子植物门 桃金娘科 红千层属

朱槿 红
Hibiscus rosa-sinensis
被子植物门 锦葵科 木槿属

四季秋海棠 红
Begonia cucullata
被子植物门 秋海棠科 秋海棠属

美丽异木棉 紫红
Ceiba speciosa
被子植物门 锦葵科 吉贝属

红花羊蹄甲 紫红
Bauhinia × blakeana
被子植物门 豆科 羊蹄甲属

大花紫薇 紫红
Lagerstroemia speciosa
被子植物门 千屈菜科 紫薇属

紫薇 紫红
Lagerstroemia indica
被子植物门 千屈菜科 紫薇属

蓝花草 紫
Ruellia simplex
被子植物门 爵床科 芦莉草属

长春花 紫红
Catharanthus roseus
被子植物门 夹竹桃科 长春花属

千日红 紫红
Gomphrena globosa
被子植物门 苋科 千日红属

红花酢浆草 紫红
Oxalis corymbosa
被子植物门 酢浆草科 酢浆草属

黄 色

台湾相思 黄
Acacia confusa
被子植物门 豆科 相思树属

腊肠树 黄
Cassia fistula
被子植物门 豆科 腊肠树属

黄槿 黄
Hibiscus tiliaceus
被子植物门 锦葵科 木槿属

翅荚决明 黄
Senna alata
被子植物门 豆科 决明属

软枝黄蝉 黄
Allamanda cathartica
夹竹桃科 黄蝉属

南美蟛蜞菊 黄
Sphagneticola trilobata
被子植物门 菊科 蟛蜞菊属

黄脉爵床 黄
Sanchezia nobilis
被子植物门 爵床科 黄脉爵床属

黄睡莲 黄
Nymphaea mexicana
被子植物门 睡莲科 睡莲属

梭鱼草 蓝
Pontederia cordata
被子植物门 雨久花科 梭鱼草属

竹节菜 蓝
Commelina diffusa
被子植物门 鸭跖草科 鸭跖草属

藿香蓟 蓝
Ageratum conyzoides
被子植物门 菊科 藿香蓟属

绣球 蓝
Hydrangea macrophylla
被子植物门 绣球科 光绣球属

蓝花丹 蓝
Plumbago auriculato
被子植物门 白花丹科 白花丹属

蓝花楹 蓝
Jacaranda mimosifolia
被子植物门 紫葳科 蓝花楹属

喜花草 蓝
Eranthemum pulchellum
被子植物门 爵床科 喜花草属

蝶豆 蓝
Clitoria ternatea
被子植物门 豆科 蝶豆属

南科大常见植物图鉴（果·叶篇）

榕树
Ficus microcarpa
被子植物门 桑科 榕属

垂叶榕
Ficus benjamina
被子植物门 桑科 榕属

印度榕
Ficus elastica
被子植物门 桑科 榕属

高山榕
Ficus altissima
被子植物门 桑科 榕属

薜荔
Ficus pumila
被子植物门 桑科 榕属

秋枫
Bischofia javanica
被子植物门 叶下珠科 秋枫属

小叶榄仁
Terminalia neotaliala
被子植物门 使君子科 榄仁树属

澳洲鸭脚木
Schefflera macrostachya
被子植物门 五加科 南鹅掌柴属

林刺葵
Phoenix sylvestris
被子植物门 棕榈科 海枣属

狐尾椰
Wodyetia bifurcata
被子植物门 棕榈科 狐尾椰属

霸王棕
Bismarckia nobilis
被子植物门 棕榈科 霸王棕属

王棕
Roystonea regia
被子植物门 棕榈科 大王椰属

旅人蕉
Ravenala madagascariensis
被子植物门 鹤望兰科 旅人蕉属

粉美人蕉
Canna glauca
被子植物门 美人蕉科 美人蕉属

大蕉
Musa × paradisiaca
被子植物门 芭蕉科 芭蕉属

海芋
Alocasia odora
被子植物门 天南星科 海芋属

野芋
Colocasia antiquorum
被子植物门 天南星科 芋属

异叶地锦
Parthenocissus dalzielii
被子植物门 葡萄科 地锦属

类芦
Neyraudia reynaudiana
被子植物门 禾本科 类芦属

五节芒
Miscanthus floridulus
被子植物门 禾本科 芒属

花叶芦竹
Arundo donax 'Versicolor'
被子植物门 禾本科 芦竹属

东方狼尾草
Pennisetum orientale
被子植物门 禾本科 狼尾草属

紫叶狼尾草
Pennisetum setaceum
被子植物门 禾本科 狼尾草属

地毯草
Axonopus compressus
被子植物门 禾本科 地毯草属

金边龙舌兰
Agave americana var. marginata
被子植物门 天门冬科 龙舌兰属

水烛
Typha angustifolia
被子植物门 香蒲科 香蒲属

埃及莎草
Cyperus prolifer
被子植物门 莎草科 莎草属

风车草
Cyperus involucratus
被子植物门 莎草科 莎草属

池杉
Taxodium distichum var. imbricatum
裸子植物门 柏科 落羽杉属

肾蕨
Nephrolepis cordifolia
蕨类植物门 肾蕨科 肾蕨属

芒萁
Dicranopteris pedata
蕨类植物门 里白科 芒萁属

红枝蒲桃
Syzygium rehderianum
被子植物门 桃金娘科 蒲桃属

南科大常见鸟类图鉴

小䴙䴘
Tachybaptus ruficollis
䴙䴘目 䴙䴘科

普通鸬鹚
Phalacrocorax carbo
鹈形目 鸬鹚科

红耳鹎
Pycnonotus jocosus
雀形目 鹎科

白头鹎
Pycnonotus sinensis
雀形目 鹎科

白喉红臀鹎
Pycnonotus aurigaster
雀形目 鹎科

紫啸鸫
Myophonus caeruleus
雀形目 鸫科

鹊鸲 雌
Copsychus saularis
雀形目 鸫科

鹊鸲 雄
Copsychus saularis
雀形目 鸫科

东亚石䳭 雌
Saxicola stejnegeri
雀形目 鹟科

东亚石䳭 雄
Saxicola stejnegeri
雀形目 鹟科

乌鸫
Turdus merula
雀形目 鸫科

八哥
Acridotheres cristatellus
雀形目 椋鸟科

丝光椋鸟 雌
Spodiopsar sericeus
雀形目 椋鸟科

丝光椋鸟 雄
Spodiopsar sericeus
雀形目 椋鸟科

黑领椋鸟
Gracupica nigricollis
雀形目 椋鸟科

灰椋鸟
Spodiopsar cineraceus
雀形目 椋鸟科

黑脸噪鹛
Pterorhinus perspicillatus
雀形目 噪鹛科

家燕
Hirundo rustica
雀形目 燕科

远东山雀
Parus minor
雀形目 山雀科

斑文鸟
Lonchura punctulata
雀形目 梅花雀科

麻雀
Passer montanus
雀形目 雀科

黄腹山鹪莺
Prinia flaviventris
雀形目 扇尾莺科

纯色山鹪莺
Prinia inornata
雀形目 扇尾莺科

长尾缝叶莺
Orthotomus sutorius
雀形目 扇尾莺科

褐柳莺
Phylloscopus fuscatus
雀形目 柳莺科

黄眉柳莺
Phylloscopus inornatus
雀形目 柳莺科

暗绿绣眼鸟
Zosterops japonicus
雀形目 绣眼鸟科

棕背伯劳
Lanius schach
雀形目 伯劳科

喜鹊
Pica pica
雀形目 鸦科

红嘴蓝鹊
Urocissa erythroryncha
雀形目 鸦科

赤红山椒鸟 雌
Pericrocotus speciosus
雀形目 山椒鸟科

赤红山椒鸟 雄
Pericrocotus speciosus
雀形目 山椒鸟科

树鹨
Anthus hodgsoni
雀形目 鹡鸰科

白鹡鸰
Motacilla alba
雀形目 鹡鸰科

灰鹡鸰
Motacilla cinerea
雀形目 鹡鸰科

八声杜鹃 雄
Cacomantis merulinus
鹃形目 杜鹃科

叉尾太阳鸟 雌
Aethopyga christinae
雀形目 花蜜鸟科

叉尾太阳鸟 雄
Aethopyga christinae
雀形目 花蜜鸟科

噪鹃 雌
Eudynamys scolopacea
鹃形目 杜鹃科

噪鹃 雄
Eudynamys scolopacea
鹃形目 杜鹃科

褐翅鸦鹃
Centropus sinensis
鹃形目 杜鹃科

珠颈斑鸠
Spilopelia chinensis
鸽形目 鸠鸽科

灰斑鸠
Streptopelia decaocto
鸽形目 鸠鸽科

蛇雕
Spilornis cheela
鹰形目 鹰科

白鹭
Egretta garzetta
鹈形目 鹭科

池鹭
Ardeola bacchus
鹈形目 鹭科

夜鹭
Nycticorax nycticorax
鹈形目 鹭科

苍鹭
Ardea cinerea
鹈形目 鹭科

栗苇鳽
Ixobrychus cinnamomeus
鹈形目 鹭科

矶鹬
Actitis hypoleucos
鸻形目 鹬科

青脚鹬
Tringa nebularia
鸻形目 鹬科

金眶鸻
Charadrius dubius
鸻形目 鸻科

黑水鸡
Gallinula chloropus
鹤形目 秧鸡科

白胸苦恶鸟
Amaurornis phoenicurus
鹤形目 秧鸡科

普通翠鸟
Alcedo atthis
佛法僧目 翠鸟科

白胸翡翠
Halcyon smyrnensis
佛法僧目 翠鸟科

巴黎翠凤蝶
Papilio paris
凤蝶科

玉带凤蝶
Papilio polytes
凤蝶科

玉斑凤蝶
Papilio helenus
凤蝶科

柑橘凤蝶
Papilio xuthus
凤蝶科

青凤蝶
Graphium sarpedon
凤蝶科

报喜斑粉蝶
Delias pasithoe
粉蝶科

东方菜粉蝶
Pieris canidia
粉蝶科

菜粉蝶
Pieris rapae
粉蝶科

迁粉蝶
Catopsilia pomona
粉蝶科

宽边黄粉蝶
Eurema hecabe
粉蝶科

虎斑蝶
Danaus genutia
蛱蝶科

蓝点紫斑蝶
Euploea midamus
蛱蝶科

串珠环蝶
Faunis eumeus
蛱蝶科

小眉眼蝶
Mycalesis mineus
蛱蝶科

平顶眉眼蝶
Mycalesis panthaka
蛱蝶科

矍眼蝶
Ypthima baldus
蛱蝶科

白带黛眼蝶
Lethe confusa
蛱蝶科

翠袖锯眼蝶
Elymnias hypermnestra
蛱蝶科

幻紫斑蛱蝶
Hypolimnas bolina
蛱蝶科

钩翅眼蛱蝶
Junonia iphita
蛱蝶科

散纹盛蛱蝶
Symbrenthia lilaea
蛱蝶科

网丝蛱蝶
Cyrestis thyodamas
蛱蝶科

蛇眼蛱蝶
Junonia lemonias
蛱蝶科

琉璃蛱蝶
Kaniska canace
蛱蝶科

波蚬蝶
Zemeros flegyas
蚬蝶科

蛇目褐蚬蝶
Abisara echerius
蚬蝶科

曲纹紫灰蝶
Chilades pandava
灰蝶科

铁木莱异灰蝶
Iraota timoleon
灰蝶科

酢浆灰蝶
Pseudozizeeria maha
灰蝶科

豆粒银线灰蝶
Spindasis syama
灰蝶科

黄斑蕉弄蝶
Erionota torus
弄蝶科

沾边裙弄蝶
Tagiades litigiosa
弄蝶科

黄翅蜻 雌
Brachythemis contaminata
蜻科

红蜻 雄
Crocothemis servilia servilia
蜻科

纹蓝小蜻 雌
Diplacodes trivialis
蜻科

黑尾灰蜻 雄
Orthetrum glaucum
蜻科

网脉蜻 雌
Neurothemis fulvia
蜻科

网脉蜻 雄
Neurothemis fulvia
蜻科

华丽灰蜻 雌
Orthetrum chrysis
蜻科

华丽灰蜻 雄
Orthetrum chrysis
蜻科

吕宋灰蜻 雄
Orthetrum luzonicum
蜻科

赤褐灰蜻 雌
Orthetrum pruinosum neglectum
蜻科

狭腹灰蜻 雌雄
Orthetrum sabina sabina
蜻科

玉带蜻 雄
Pseudothemis zonata
蜻科

黄蜻 雌
Pantala flavescens
蜻科

黄蜻 雄
Pantala flavescens
蜻科

斑丽翅蜻 雌
Rhyothemis variegata
蜻科

斑丽翅蜻 雄
Rhyothemis variegata
蜻科

云斑蜻 雄
Tholymis tillarga
蜻科

华斜痣蜻 雄
Tramea virginia
蜻科

晓褐蜻 雌
Trithemis aurora
蜻科

晓褐蜻 雄
Trithemis aurora
蜻科

庆褐蜻 雄
Trithemis festiva
蜻科

霸王叶春蜓 雄
Ictinogomphus pertinax
春蜓科

方带溪蟌 雌
Euphaea decorata
溪蟌科

方带溪蟌 雄
Euphaea decorata
溪蟌科

翠胸黄蟌 雌
Ceriagrion auranticum
蟌科

翠胸黄蟌 雄
Ceriagrion auranticum
蟌科

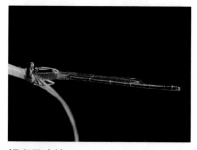

褐斑异痣蟌 雌
Ischnura senegalensis
蟌科

褐斑异痣蟌 雄
Ischnura senegalensis
蟌科

黄狭扇蟌 雌
Copera marginipes
扇蟌科

黄狭扇蟌 雄
Copera marginipes
扇蟌科

乌微桥原蟌 雌
Prodasineura autumnalis
原蟌科

乌微桥原蟌 雄
Prodasineura autumnalis
原蟌科

南科大其他常见昆虫图鉴

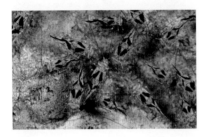

啮虫
Corrodentia
啮虫目 啮虫科

黑蚱蝉
Cryptotympana atrata
半翅目 蝉科

斑蝉
Gaeana maculata
半翅目 蝉科

草蝉
Mogannia hebes
半翅目 蝉科

锈凹大叶蝉
Bothrogonia ferruginea
半翅目 叶蝉科

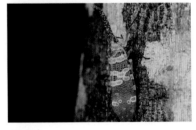

龙眼鸡
Pyrops candelaria
半翅目 蜡蝉科

紫络蛾蜡蝉
Lawana imitata
半翅目 蛾蜡蝉科

碧蛾蜡蝉
Geisha distinctissima
半翅目 蛾蜡蝉科

眼纹疏广翅蜡蝉
Euricania ocellus
半翅目 广翅蜡蝉科

荔枝蝽
Tessaratoma papillosa
半翅目 荔蝽科

泛光红蝽
Dindymus rubiginosus
半翅目 红蝽科

黑竹缘蝽
Notobitus meleagris
半翅目 缘蝽科

吹绵蚧
Icerya sp.
半翅目 硕蚧科

广斧螳
Hierodula patellifera
螳螂目 螳科

静螳
Statilia sp.
螳螂目 螳科

中华蜜蜂
Apis cerana
膜翅目 蜜蜂科

黑盾胡蜂
Vespa bicolor
膜翅目 胡蜂科

黑尾胡蜂
Vespa ducalis
膜翅目 胡蜂科

叉胸侧异腹胡蜂
Parapolybia nodosa
膜翅目 异腹胡蜂科

红头丽蝇
Calliphora vicina
双翅目 丽蝇科

黄猄蚁
Oecophylla smaragdina
膜翅目 蚁科

纺织娘
Mecopoda elongata
直翅目 螽斯科

悦鸣草螽
Conocephalus melas
直翅目 螽斯科

南方油葫芦
Teleogryllus mitratus
直翅目 蟋蟀科

金斑虎甲
Cicindela aurulenta
鞘翅目 虎甲科

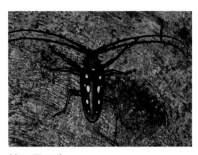

榕八星天牛
Batocera rubus
鞘翅目 天牛科

茄二十八星瓢虫
Henosepilachna vigintioctopunctata
鞘翅目 瓢虫科

金边土鳖 / 东方水蠊
Opisthoplatia orientalis
蜚蠊目 硕蠊科

伊贝鹿蛾
Syntomoides imaon
鳞翅目 裳蛾科

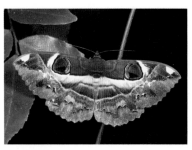

魔目夜蛾
Erebus ephesperis
鳞翅目 裳蛾科

豹尺蛾
Dysphania militaris
鳞翅目 尺蛾科

广州榕蛾
Phauda kantonensis
榕蛾科 榕蛾属

图书在版编目（CIP）数据

南科大自然笔记 / 南方科技大学组织编写；南兆旭主编 . — 北京：商务印书馆，2022（2023.4 重印）
ISBN 978−7−100−20553−5

Ⅰ.①南… Ⅱ.①南… ②南… Ⅲ.①高等学校—校园—园林植物—介绍—深圳 ②高等学校—校园—动物—介绍—深圳 Ⅳ.① S68 ② Q958.526.53

中国版本图书馆 CIP 数据核字（2021）第 269685 号

南科大自然笔记

南方科技大学　组织编写

南兆旭　主编

商 务 印 书 馆 出 版
（北京王府井大街36号　邮政编码100710）
商 务 印 书 馆 发 行
北京中科印刷有限公司印刷
ISBN 978−7−100−20553−5

2022 年 2 月第 1 版　　　开本 720×1000　1/16
2023 年 4 月北京第 2 次印刷　　印张 12¼

定价：72.00 元